高等院校艺术与设计类专业"互联网+"创新规划教材

居住区景观设计

胡华中　卢春辰　编著

内 容 简 介

本书主要从居住区景观设计基础理论、居住区景观设计程序和方法、居住区具体设计方法、居住区景观设计案例欣赏等几个方面展开编写，从理论到实践、从整体到细节，都倡导新时期的先进设计理念和设计方法。本书主要内容包括居住区景观设计基础理论、居住区景观设计程序和方法、居住区入口景观设计、居住区道路及铺装设计、居住区绿地景观设计、居住区小品及设施设计、居住区场所景观设计、居住区水景设计和居住区景观设计案例欣赏。本书内容紧紧把握住专业方向，重点突出，图文并茂，深入浅出，并配备丰富的拓展知识、视频资料等。

本书可作为高等院校艺术与设计类专业风景园林、环境设计、城市规划等方向的教材，也可以作为相关设计人士、行业爱好者的自学辅导用书。

图书在版编目（CIP）数据

居住区景观设计 / 胡华中，卢春辰编著．—北京：北京大学出版社，2020.1
高等院校艺术与设计类专业"互联网＋"创新规划教材
ISBN 978-7-301-30976-6

Ⅰ．①居… Ⅱ．①胡…②卢… Ⅲ．①居住区—景观设计—高等学校—教材 Ⅳ．①TU984.12

中国版本图书馆 CIP 数据核字（2019）第 279117 号

书　　名	居住区景观设计
	JUZHUQU JINGGUAN SHEJI
著作责任者	胡华中　卢春辰　编著
策划编辑	孙　明
责任编辑	孙　明
数字编辑	金常伟
封面原创	成朝晖
标准书号	ISBN 978-7-301-30976-6
出版发行	北京大学出版社
地　　址	北京市海淀区成府路 205 号　100871
网　　址	http://www.pup.cn　新浪微博：@北京大学出版社
电子邮箱	编辑部 pup6@pup.cn　总编室 zpup@pup.cn
电　　话	邮购部 010-62752015　发行部 010-62750672　编辑部 010-62750667
印 刷 者	北京宏伟双华印刷有限公司
经 销 者	新华书店
	889 毫米 × 1194 毫米　16 开本　10.75 印张　320 千字
	2020 年 1 月第 1 版　2023 年 9 月第 4 次印刷
定　　价	59.00 元

未经许可，不得以任何方式复制或抄袭本书之部分或全部内容。
版权所有，侵权必究
举报电话：010-62752024　电子邮箱：fd@pup.cn
图书如有印装质量问题，请与出版部联系，电话：010-62756370

序

居住区是居民生活的主要场所。随着生活水平的日益提高，人们对居住区景观设计的要求也越来越高。当前，居住区景观设计专业化不断提升，对设计师专业素养的要求也越来越高，而这一趋势对高校景观设计人才的培养影响深刻。居住区景观设计课程作为高校风景园林和环境设计专业的一门重要的专业课程，要求不断地深化课程实践教学改革，以达到人才培养与行业要求紧密相连。

胡华中老师多年来一直孜孜不倦地投入景观设计教学与研究，在教学中勇于创新，积极申报景观设计类科研课题，经常发表学术论文，相关学术成果颇丰。他不仅潜心高校日常教学工作，而且活跃在景观设计行业一线，主持过很多居住区景观设计实际项目，积累了丰富、宝贵的设计实践经验，在行业中崭露头角，已成为我校设计类专业年轻有为的青年教师。

该书内容充实，见解独到，讲解细致入微，并充分地利用了"互联网+"功能，进行知识点拓展，提供丰富的图片案例，还进行视频展示，是一本十分优秀的教材。书中附有大量精美的居住区景观设计案例，很多案例是胡华中老师这几年进行居住区景观设计实践和教学的积累，还有一部分案例来自他行业内朋友公司的作品，具有很强的实操性。相信该书的出版对风景园林和环境设计专业学生设计水平的提升会起到积极的指导作用，对从事居住区景观设计专业的设计师有一定的借鉴和参考作用。

是为序。

广西师范大学美术学院教授、硕士生导师
2019年5月

前 言

住宅空间作为人们的重要生活场景,也是家庭的物质载体。但随着经济的发展和科技的进步,人们的物质生活条件不断改善,他们对所居住的生活条件有了更高的要求。人们不仅对住宅建筑和室内空间的质量要求提高了,而且对优质的居住区室外景观环境提出了新的要求。因此,人们在购买商品住宅的时候,一般会关注居住区景观环境的规划蓝图和建设现状。创建宜居、生态、养生的人居环境是全社会的目标和愿景,这也对设计师提出了更高的标准和挑战。

本书克服了传统的《居住区景观设计》教材偏重理论介绍、配套资料单一的缺点,注重培养学生的动手能力,将教学内容按照项目化、任务化的方式展开,教学目标设置非常明确。全书根据居住区景观设计课程的应用型特点,将理论与实践相结合,重视对居住区景观设计内容的系统性讲解,图文并茂、案例突出、环环相扣,具有较强的直观性。而且,书中的居住区景观设计案例使用的都是最新设计案例,有助于培养学生的创新思维,帮助学生理解居住区景观设计的基础知识,有助于学生形成设计创意思维、提高设计实战能力。

本书由广西师范大学胡华中、卢春辰编著。在本书编写过程中,桂林沃尔特斯环境艺术设计有限公司、江西省亚兰景观规划设计工程有限公司为本书提供了优秀的设计案例,广西师范大学美术学院领导还提供了支持与帮助,在此对他们一并表示感谢!

由于编者水平有限,加之编写时间仓促,书中不足之处在所难免,恳请广大读者批评和指正。

胡华中
2019 年 5 月

【资源索引】

目　录

第一章　居住区景观设计基础理论 1
第一节　居住区景观设计概述 2
第二节　居住区的分级和类型 5
第三节　居住区规划设计的技术经济指标 9
第四节　居住区景观设计的风格 10

第二章　居住区景观设计程序和方法 16
第一节　居住区景观设计的程序 17
第二节　居住区景观方案设计的基本方法 33
第三节　居住区景观设计原则 38

第三章　居住区入口景观设计 41
第一节　居住区入口的功能 42
第二节　居住区入口的分类 46
第三节　居住区入口的位置选择 52
第四节　居住区入口景观构成要素 53
第五节　居住区入口景观设计 61

第四章　居住区道路及铺装设计 64
第一节　居住区道路规划设计 65
第二节　机动车停车场设计 68
第三节　居住区道路设计 71
第四节　居住区铺装设计 76

第五章　居住区绿地景观设计 86
第一节　植物的功能 87
第二节　居住区绿地规划与设计 94
第三节　居住区植物配置 97

CONTENTS

第六章　居住区小品及设施设计 102
 第一节　雕塑小品 103
 第二节　信息标志 107
 第三节　栏杆 111
 第四节　台阶 115
 第五节　种植容器 118
 第六节　景观照明设施 123

第七章　居住区场所景观设计 131
 第一节　休闲广场 132
 第二节　健身运动场所 133
 第三节　庇护性景观构筑物 134
 第四节　儿童游乐场所 140

第八章　居住区水景设计 143
 第一节　居住区水景设计概述 144
 第二节　居住区水景分类及表现形式 144
 第三节　居住区水景类型 147

第九章　居住区景观设计案例欣赏 160
 案例一　广宏一品尊居住区景观设计 161
 案例二　全州府居住区景观设计 162
 案例三　童乐嘉园居住区景观设计 162
 案例四　东方庭院别墅区景观设计 163

参考文献 165

第一章 居住区景观设计基础理论

学习目标:
(1) 了解居住区景观设计概况和基础知识。
(2) 熟悉居住区的类型和风格。
(3) 了解居住区的分级和规划设计的技术经济指标。

本章要点:
(1) 居住区景观设计概述。
(2) 居住区的分级和类型。
(3) 居住区规划设计的技术经济指标。
(4) 居住区景观设计的风格。

本章引言

随着房地产行业的昌盛，地产商越来越重视楼盘的开发理念，从传统的楼盘买卖转向更多地关注居住区的景观环境和人文内涵，倡导现代居住生活美学。与传统的居住区相比，现代居住区出现了一些新的形式：一是强调景观的通达性和共享性；二是强调景观的人文内涵；三是强调景观的艺术性；四是强调景观的生态环保。

第一节　居住区景观设计概述

一、景观的概念

"景观"是一个美好却不好定义的概念，一般是指大的自然风景、小的自然山水景观、自然地貌、人文景观等自然物质要素及人文要素所构成的景观综合体，它是某一地方的综合景观特征的体现。"景观"一词产生于近现代，既区别于传统意义的园林，又并非局限于居住景观、公共景观、商业景观等，它是一个广义的、综合的概念。从历史脉络来看，"园林"出现在先，"景观"出现在后。早期的园林称为"圃"和"囿"。何为圃？即"菜地""蔬菜园"的意思。何为囿？即圈起一块地，在里面有野生的动物和驯养的动物，有自然的植物和栽植的植物，可以供人在里面打猎、休闲、娱乐等。从历史发展脉络可以看到，"园林"经历了从圃到囿、从苑到园林这样一个过程。到了近现代，"园林"有了进一步发展，有了更加丰富多彩的空间环境，包括传统的、现代的、城市的、社区的等空间环境。现代景观与传统的皇家园林和私家园林不同，由于现代社会有自由、民主、平等的特征，所以现代景观除了具有传统园林私有的特点以外，还具有公共和大众的特点。

二、现代景观设计产生的历史背景

现代景观设计是指通过生态观、文化观、历史观、美学观等对环境进行设计利用和改造，为人类创造更美好的生活环境，使人与自然和谐共存。现代景观设计是近代工业化生产的产物、现代科学与艺术的结晶，融合了工程技术和艺术审美。现代景观设计产生有以下几个方面的历史背景：一是工业革命带来社会工业化大生产，城镇化迅速发展，生态环境被破坏，人们的工作和生活环境越来越恶劣；二是工业化带来环境污染的问题，人们开始对自然环境和城市居住环境进行反思，并开始探寻解决环境污染和美化生活环境的途径。例如，城市公共绿化的产生正是对那一时期系列问题的反应，城市公园就是很好的例子。城市公园是在城市建设问题中用以提高城市居民生活质量的重要手段之一。

现代景观设计学科的产生受美国景观规划设计师奥姆斯特德和英国社会学家霍华德的影响最大。从19世纪中叶到20世纪初，奥姆斯特德在城市公园、广场、街区绿化、校园、居住区及自然风景保护区等方面设计实践的探索，奠定了现代景观设计学科的理论与实践基础。霍华德在其著作《明日的田园城市》中表达了他对理想城市的构想，书中这样描述："城市的生长应该是有机的，一开始就应对人口、居住密度、城市面积等加以限制，配置足够的公园和私人园地。城市周围有一圈永久的农田绿地，形成城市和郊区的永久结合，使城市如同一个有机体一样，能够协调、平衡、独立自主地发展。"这为近现代城市景观设计指明了发展方向。

三、居住区景观设计的类别

在居住区方案设计阶段，设计师首先会划分居住区的功能，并依据不同的功能确定各种造景要素和方法，然后在设计出图时分为绿化图、园林建筑图、水景图等。居住区景观设计的类别可以分为以下4种。

1. 硬景

硬景就是硬质景观，主要包括地面铺装、景观墙、花池、树池、挡土墙、台阶等。硬景如图1.1所示。

【硬景】

图1.1 硬景

2. 软景

软景就是软质景观，主要是指绿化设计。绿化设计的主要内容包括乔木布置、灌木布置、地被布置等。软景如图1.2所示。

图1.2 软景

3. 庇护性景观建筑

庇护性景观建筑主要包括景观廊架、各种景观亭、花架、张拉膜结构、水榭、景观塔等。庇护性景观建筑如图 1.3 所示。

【庇护性景观建筑】

图 1.3　庇护性景观建筑

【场所景观】

4. 场所景观

场所景观主要是指居住区中的娱乐休闲空间，包括健身运动场、儿童游乐场、休闲广场等。健身运动场如图 1.4 所示。

图 1.4　健身运动场

第二节 居住区的分级和类型

一、居住区的规模分级

居住区按照居民在合理的步行距离内满足基本生活需求的原则，可分为十五分钟生活圈居住区、十分钟生活圈居住区、五分钟生活圈居住区及居住街坊四级，其分级控制规模应符合《城市居住区规划设计标准》（GB 50180—2018）的居住区分级控制规模规定（见表1-1）。

表1-1 《城市居住区规划设计标准》居住区分级控制规模

距离与规模	十五分钟生活圈居住区	十分钟生活圈居住区	五分钟生活圈居住区	居住街坊
步行距离/m	800～1000	500	300	—
居住人口/人	50000～100000	15000～25000	5000～12000	1000～3000
住宅数量/套	17000～32000	5000～8000	1500～4000	300～1000

二、居住区的用地规模

居住区的用地规模主要影响因素有十五分钟生活圈居住区（见表1-2）、十分钟生活圈居住区（见表1-3）、五分钟生活圈居住区（见表1-4）。

表1-2 十五分钟生活圈居住区用地控制指标

建筑气候区划	住宅建筑平均层数类别	人均居住区用地面积/（米^2/人）	居住区用地容积率	居住区用地构成（%）				
				住宅用地	配套设施用地	公共绿地	城市道路用地	合计
Ⅰ、Ⅶ	多层Ⅰ类1（4层～6层）	40～54	0.8～1.0	58～61	12～16	7～11	15～20	100
Ⅱ、Ⅵ		38～51	0.8～1.0					
Ⅲ、Ⅳ、Ⅴ		37～48	0.9～1.1					
Ⅰ、Ⅶ	多层Ⅱ类（7层～9层）	35～42	1.0～1.1	52～58	13～20	9～13	15～20	100
Ⅱ、Ⅵ		33～41	1.0～1.2					
Ⅲ、Ⅳ、Ⅴ		31～39	1.1～1.3					
Ⅰ、Ⅶ	高层Ⅰ类（10层～18层）	28～38	1.1～1.4	48～52	16～23	11～16	15～20	100
Ⅱ、Ⅳ		27～36	1.2～1.4					
Ⅱ、Ⅳ、Ⅴ		26～34	1.2～1.5					

表1-3 十分钟生活圈居住区用地控制指标

建筑气候区划	住宅建筑平均层数类别	人均居住区用地面积/（米^2/人）	居住区用地容积率	居住区用地构成（%）				
				住宅用地	配套设施用地	公共绿地	城市道路用地	合计
Ⅰ、Ⅶ	低层（1层～3层）	49～51	0.8～0.9	71～73	5～8	4～5	15～20	100
Ⅱ、Ⅵ		45～51	0.8～0.9					
Ⅲ、Ⅳ、Ⅴ		42～51	0.8～0.9					

续表

建筑气候区划	住宅建筑平均层数类别	人均居住区用地面积/（米²/人）	居住区用地容积率	居住区用地构成（%）				
				住宅用地	配套设施用地	公共绿地	城市道路用地	合计
Ⅰ、Ⅶ	多层Ⅰ类（4层～6层）	35～47	0.8～1.1	68～70	8～9	4～6	15～20	100
Ⅱ、Ⅵ		33～44	0.9～1.1					
Ⅲ、Ⅳ、Ⅴ		32～41	0.9～1.2					
Ⅰ、Ⅶ	多层Ⅱ类（7层～9层）	30～35	1.1～1.2	64～67	9～12	6～8	15～20	100
Ⅱ、Ⅵ		28～33	1.2～1.3					
Ⅲ、Ⅳ、Ⅴ		26～32	1.2～1.4					
Ⅰ、Ⅶ	高层Ⅰ类（10层～18层）	23～31	1.2～1.6	60～64	12～14	7～10	15～20	100
Ⅱ、Ⅵ		22～28	1.3～1.7					
Ⅲ、Ⅳ、Ⅴ		21～27	1.4～1.8					

表1-4 五分钟生活圈居住区用地控制指标

建筑气候区划	住宅建筑平均层数类别	人均居住区用地面积（米²/人）	居住区用地容积率	居住区用地构成（%）				
				住宅用地	配套设施用地	公共绿地	城市道路用地	合计
Ⅰ、Ⅶ	低层（1层～3层）	46～47	0.7～0.8	76～77	3～4	2～3	15～20	100
Ⅱ、Ⅵ		43～47	0.8～0.9					
Ⅲ、Ⅳ、Ⅴ		39～47	0.8～0.9					
Ⅰ、Ⅶ	多层Ⅰ类（4层～6层）	32～43	0.8～1.1	74～76	4～5	2～3	15～20	100
Ⅱ、Ⅵ		31～40	0.9～1.2					
Ⅲ、Ⅳ、Ⅴ		29～37	1.0～1.2					
Ⅰ、Ⅶ	多层Ⅱ类（7层～9层）	28～31	1.2～1.3	72～74	5～6	3～4	15～20	100
Ⅱ、Ⅵ		25～29	1.2～1.4					
Ⅲ、Ⅳ、Ⅴ		23～28	1.3～1.6					
Ⅰ、Ⅶ	高层Ⅰ类（10层～18层）	20～27	1.4～1.8	69～72	6～8	6～8	15～20	100
Ⅱ、Ⅵ		19～25	1.5～1.9					
Ⅲ、Ⅳ、Ⅴ		18～23	1.6～2.0					

注：居住区用地容积率是生活圈内，住宅建筑及其配套设施地上建筑面积之和与居住区用地总面积的比值。
表中建筑气候区划
Ⅰ——黑龙江、吉林、内蒙古东、辽宁北；
Ⅱ——山东、北京、天津、宁夏、山西、河北、陕西北、甘肃东、河南北、江苏北、辽宁南；
Ⅲ——上海、浙江、安徽、江西、湖南、湖北、重庆、贵州东、福建北、四川东、陕西南、河南南、江苏南；
Ⅳ——广西、广东、福建南、海南、台湾；
Ⅴ——云南、贵州西、四川南；
Ⅵ——西藏、青海、四川西；
Ⅶ——新疆、内蒙古西、甘肃西。

三、居住区的类型

（一）按不同经济层次划分

1. 高档居住区

高档居住区相比其他类型的居住区造价成本较高，销售价格也相对昂贵。高档居住区一般分布在城市中心和城市边缘郊区。城市中心的高档居住区一般以普通板房为主，由于地价较贵，以及开发商的建设投资成本较高，所以住在城市中心的高档居住区居民可以享受丰富多彩的城市生活设施，如上海市中心的汤臣一品和华府天地、深圳的蝴蝶谷和香蜜湖一号等。城市边缘郊区的高档居住区一般是较大规模的低层别墅，贴近生态环境和自然美景，如桂林的东方庭院和原香墅、广州的芙蓉墅、上海的九间堂、北京的玫瑰园、成都的草堂之春等。高档居住区如图1.5所示。

图1.5 高档居住区

2. 中档居住区

中档居住区符合社会主流人群的经济条件，这类居住区景观一般体现大众审美倾向，空间格局比较常规。自20世纪80年代以来，中档居住区建筑户型从小客厅、多房间演变到当前的大客厅、小房间，这反映了现代社会家庭成员结构的变化和生活水平的提高。中档居住区如图1.6所示。

3. 低档居住区

低档居住区主要为社会低收入人群所建造。低档居住区一般是由政府出资建设的经济适用房或还迁房等，具有造价低廉、建筑密度高的特点，户型偏小。低档居住区如图1.7所示。

（二）按建设条件的不同划分

1. 新建居住区

新建居住区一般易于按照合理的要求进行建设。市场普通住宅商品房基本都是新建的。

图1.6 中档居住区

图1.7 低档居住区

2. 城市旧居住区

城市旧居住区情况往往比较复杂，有的布局需要调整，有的具有传统的城市格局和建筑风格，需要保留和改造。一般来说，城市旧居住区的改建比新建居住区要困难，特别是在实施过程中，还要解决居民的动迁、安置等问题。

（三）按住宅建筑层数划分

按住宅建筑层数的不同，居住区可分为低层居住区、多层居住区、高层居住区和各种层数混合修建的居住区。具体分类标准是：1～3层为低层，4～6层为多层，7～9层为中层，10层及以上为高层。

第三节　居住区规划设计的技术经济指标

技术经济指标是从量的方面衡量和评价规划质量和综合效益的重要依据，有规划和现状之分。居住区的技术经济指标由土地平衡和主要技术经济指标组成。各地现行的技术经济指标表格不统一，项目有少有多，有的基本数据不全，有的计算依据没有注明，为加强方案的可比性及实施的可操作性，一般要求规定统一的列表格式、内容、必要的指标和计算中采用的标准。《城市居住区规划设计规范》中使用的综合技术经济指标表，包括必要指标和选用指标两类，见表1-5。

表1-5　综合技术经济指标系列一览表

项　目			计量单位	数值	所占比例（%）	人均面积指标/（米²/人）
各级生活圈居住指标	居住区用地	总用地面积	hm²	▲	100	▲
		其中 住宅用地	hm²	▲	▲	▲
		配套设施用地	hm²	▲	▲	▲
		公共绿地	hm²	▲	▲	▲
		城市道路用地	hm²	▲	▲	▲
	居住总人口		人	▲	—	—
	居住总套（户）数		套	▲	—	—
	住宅建筑总面积		万米²	▲	—	—
居住街坊指标	用地面积		hm²	▲	—	▲
	容积率		—	▲	—	—
	地上建筑面积	总建筑面积	万米²	▲	100	—
		其中 住宅建筑	万米²	▲	▲	—
		便民服务设施	万米²	▲	▲	—
	地下总建筑面积		万米²	▲	▲	—
	绿地率（%）			▲	—	—
	集中绿地面积		米²	▲	—	▲
	住宅套（户）数		套	▲	—	—

续表

项　目			计量单位	数值	所占比例（%）	人均面积指标/（米²/人）
居住街坊指标	住宅套均面积		米²/套	▲	—	—
	居住人数		人	▲	—	—
	住宅建筑密度（%）			▲	—	—
	住宅建筑平均层数		层	▲	—	—
	住宅建筑高度控制最大值		m	▲	—	—
	停车位	总停车位	辆	▲	—	—
		其中 地上停车位	辆	▲	—	—
		地下停车位	辆	▲	—	—
	地面停车位		辆	▲	—	—

注：▲必要指标。

第四节　居住区景观设计的风格

一、现代中式风格

现代中式风格是指以中国传统建筑与园林形式为基础，融入现代主义设计语汇而形成的新的风格形式。这种风格对传统造园形式、图案符号及传统植物空间特点进行提炼与再造，来打造具有中国古典韵味的现代景观空间，如图1.8和图1.9所示。

图1.8　现代中式风格景观（1）

图1.9 现代中式风格景观(2)

二、欧式风格

欧式风格泛指带有欧洲地域文化的设计风格，给人以奢华、大气的印象。欧式风格强调以华丽的装饰、浓烈的色彩、精美的造型达到雍容华贵的装饰效果，常用元素有：各种欧式柱、古罗马券拱、几何绿篱、喷泉、雕塑、油画、铁艺等。我国在居住区开发设计初期，曾对欧式风格进行过简单照搬和粗糙截取；但在当前居住区开发设计中，对欧式风格的运用开始注重与当地气候、地理等自然条件的融合，考虑生态因素等方面，并以品质为前提进行细节设计，而且对这种风格的理解更为深刻。欧式风格景观如图1.10和图1.11所示。

图1.10 欧式风格景观(1)

图1.11 欧式风格景观(2)

三、新古典主义式风格

新古典主义式风格是在对古典主义继承与反思的基础上发展而来的风格形式。这种风格一方面表现在对古典主义优美形式的沿袭与对材料、色彩的沿用上;另一方面表现在对装饰、线条与机理的简化,对古典几何形式的提炼、融合上。这种风格常采用现代规则的几何形式,以白色、米黄、暗红为主色调,适度选用石材铺贴,采取简练的券拱、线条装饰等,并配合修剪植物造景,体现出厚重沉稳、典雅大方的气度。新古典主义式风格景观如图1.12和图1.13所示。

图1.12 新古典主义式风格景观(1)

图1.13　新古典主义式风格景观（2）

四、现代风格

现代风格是基于包豪斯学派的设计理念建立发展而来的风格形式。现代风格的特点是注重空间关系、逻辑秩序，运用点、线、面要素构成及基本几何图形的扩展来组织形式语言，给人以简单利落、层次分明的观感。现代风格的形式法则遵循对称与均衡、对比与统一、韵律与节奏等，已成为当前设计的形式法则基础，广泛应用于景观设计的各个领域。现代风格的居住区景观设计以道路、绿化、水体等为基本构图要素，进行点、线条、块面等组织，强调序列与几何形式感，简练规整，装饰单纯，主要通过质感、观影、色彩、结构的表达给人以强烈的导向性和空间领域感。现代风格景观如图1.14和图1.15所示。

图1.14　现代风格景观（1）

图 1.15　现代风格景观（2）

五、东南亚风格

东南亚风格因其热带雨林的自然艺术特色和地域文化特色而被世人喜好，尤其在气候特征接近的珠三角地区更是受到追捧。东南亚风格注重手工工艺，拒绝同质的乏味，给人们带来南亚风雅的气息。东南亚风格景观设计的特点如下：

（1）东南亚风格景观设计常使用的实木、棉麻及藤条等材质，将各种家具（包括饰品）的颜色控制在棕色或咖啡色系范围内，用白色全面调和，是既安全又省心的聪明做法。

（2）在东南亚风格景观设计中，常在游泳池底部铺上天蓝色的瓷砖，往往能营造出热带海洋的氛围。人造沙滩大多设在游泳池旁边，面积大小跟游泳池大小成正比，可以摆上两张休闲椅、撑一把太阳伞，是闲暇时晒太阳和聊天的绝好场所，能体现出热带风情。

（3）在东南亚风格景观设计中，比较常见的一些茅草屋或原木的小亭台大多为休闲、纳凉所用，既美观又实用。

东南亚风格景观如图 1.16 和图 1.17 所示。

图 1.16　东南亚风格景观（1）

图1.17 东南亚风格景观（2）

作　　业

（1）居住区景观设计的类别各有什么特点？

（2）当前居住区景观流行哪些风格？

（3）至少收集3个居住区景观设计案例，用PPT排版，要求图文并茂，从居住区分级和规划设计的技术经济指标、居住区设计风格、居住区类别等角度来陈述个人观点。

第二章 居住区景观设计程序和方法

学习目标:
(1) 了解居住区景观设计的程序。
(2) 掌握居住区景观方案设计的基本方法。
(3) 了解居住区景观设计原则。

本章要点:
(1) 居住区景观设计程序。
(2) 了解设计师在各阶段需要完成的具体工作。
(3) 居住区景观方案设计的基本方法。

本章引言

做任何事情都有一定的程序和方法，只有了解具体的程序和方法才能制订出合理的工作计划和目标，才能给团队成员分配好各项具体的工作，才能依据项目的要求和特点灵活地运用设计方法，并依据一定的设计原则，达到有效地完成所有具体设计工作的目标。

第一节 居住区景观设计的程序

一、居住区景观设计的前期准备阶段

设计程序是研究方法在设计学上的具体表现，一般由数据分析、实验、成果评价3个部分组成。掌握居住区景观设计程序，能有效地提高设计能力，拓展设计逻辑思维。设计程序创造性思维要求设计具有一定的创新，区别于那些拼凑出来的设计，主要体现在设计理念、具体设计内容、设计的工艺和细节等方面。

1. 收集必要的资料

（1）图纸资料。

① 建筑总规划图（原始地形图）。建筑总规划图包括内容有：居住区规划红线、坐标和标高。居住区规划红线内的地形、标高及现状物包括现有建筑物、消防通道、消防登高面、山体、水系、现有绿化、电源位置、市政排水排污位置等。建筑总规划图如图2.1所示，建筑总规划CAD施工图如图2.2所示。

图2.1 建筑总规划图

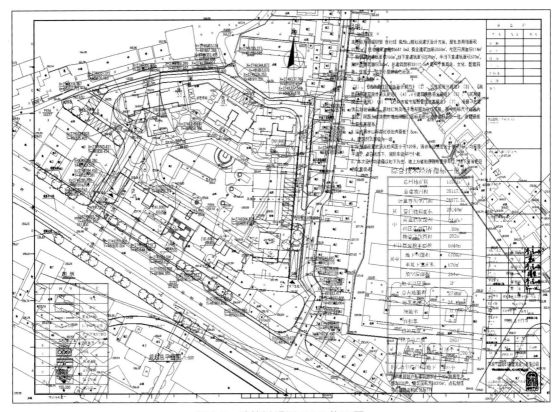

图 2.2 建筑总规划 CAD 施工图

② 建筑设计图。建筑设计图包括内容有：建筑平面图（特别是首层平面图）、建筑立面图、建筑效果图。进行景观设计的时候，要考虑建筑是否有地下车库、架空层、各单元入口、建筑门窗位置等。建筑设计图如图 2.3～图 2.5 所示。

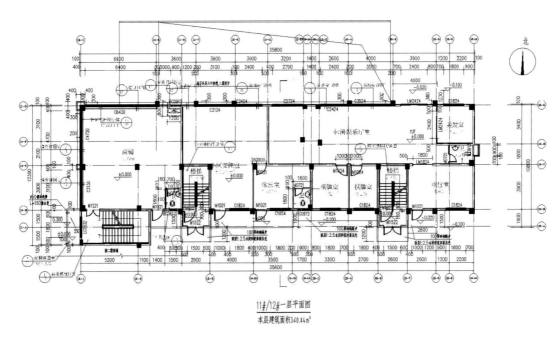

图 2.3 建筑平面图

图 2.4 建筑立面图

图 2.5 建筑效果图

③ 地下管线图。地下管线图包括雨水、污水、化粪池、电力、电信、天然气等线管的位置。地下管线图除平面图外，还需要剖面图，标注出管道准确的位置和直径。

（2）策划资料。除了收集图纸外，还需要收集与项目相关的营销策划文件。营销策划文件中有项目风格定位、未来拓展方向、楼盘预售价格等重要信息，这些对景观方案设计有重要的指导和参考作用。

2. 收集需要了解的资料

（1）项目周边环境。既要了解项目内建筑形式、体量、材质肌理、色彩、与周边市政的交通关系、人流和车流集散方向，还要了解项目与其他居住楼盘或商业中心的联系情况。

（2）植物状况。了解项目所在地的植物种类、生态、群落组成等。

（3）水资源状况。了解周边有无能利用的水源，如河道、水塘、地下水、湖水等。

（4）主材情况。了解项目需要的主材情况，如石材、山石、建材、苗木等。

（5）文献查找。通过网络或书籍查找项目所在地的人文、历史、民族风情、气候、特产等。

（6）投资商对景观建设的投资额度。

3. 现场调查

在设计过程中，现场调查是很重要的环节，因为图纸与施工现场一般都有误差，设计师也要在现场进行设计构思。

（1）核对图纸。由于图纸与现场经常不一致，所以核对在前期甲方提供的相关图纸是很有必要的。

（2）现场构思设计。在现场勘察过程中，要因地制宜，充分利用现有资源来提升景观设计效果，以节省造价成本。

4. 编制设计进程表

（1）概念方案设计。

（2）扩初方案设计。

（3）园林建筑施工图。

（4）园林绿化施工图。

（5）园林水电施工图。

二、居住区景观设计的总体方案设计阶段

1. 概念方案设计

（1）进入概念方案设计过程。

（2）对居住区景观功能、交通流线、景观轴线、景观节点灯进行总体布局，对项目主题文化、经济指标、表现形式给予定位。概念方案需要提供的图纸主要有（具体设计案例参见第九章案例一）：

① 区位分析图。区位分析图示意项目所在地的地理位置，分析与周边环境的关系。

② 现状分析图。现状分析图根据前期收集的资料（包括甲方提供的图纸、文字说明、现场照片等），从多个角度对项目现状的优劣势进行综合评述。

③ 项目概念设计说明。项目概念设计说明包括项目背景和概况、设计主题、内容设计、设计理念、设计原则、设计构思、设计目标等内容。

④ 功能分区图。

⑤ 总平面方案图（一般以手绘形式表现）。

⑥ 总平面方案索引图。

⑦ 景观节点分析图。

⑧ 交通流线图。

⑨ 重要景观节点手绘表现图。

⑩ 景观节点示意图。

⑪ 重要景观节点断面分析图。

⑫ 植物种植意向图。

⑬ 夜景灯光示意图。

⑭ 材料分析图。

【雍王府概念设计方案】

2. 扩初设计

扩初设计是对前期概念设计方案的深化设计，进一步细化设计，对景观中的园林建筑、绿化、设施、小品等具体尺寸和材料进行初步确定，并反复推敲，最终完成方案设计。扩初设计

方案需要提供的图纸主要有（具体设计案例参见第九章案例二）：
① 景观设计总平深化设计（一般以计算机辅助设计形式表现）。
② 扩初方案设计说明。
③ 总体功能分区图、各重要节点功能分析图。
④ 总平面扩初方案索引图。
⑤ 景观轴线分析。
⑥ 重要景观节点效果图。
⑦ 其他景观节点局部效果图。
⑧ 主要景观空间剖视图。
⑨ 园林建筑立面尺寸图、断面图、剖视图、用料图。
⑩ 园林小品初定。
⑪ 公共设施初定。
⑫ 植物设计初定。
⑬ 景观照明初步设计。
⑭ 总体用材图表。

【祥泰瑶都居住区景观设计扩初方案】

3. 施工图设计

只有扩初设计方案定稿和审批后，才能进入施工图设计。这一设计阶段主要是深化景观设计的各种施工材料和工艺。施工图分为园建施工图、绿化施工图、水电施工图三大部分，主要为种植、道路、广场、山石、水池、驳岸、建筑、土方、地下或架空线的施工设计。施工图的尺寸和高程均以"m"为单位，要具体到小数点后两位。

（1）园建施工图主要有园建施工图纸目录、园建设计说明、总平面索引图、分区索引图、竖向平面图、平面尺寸图、网格定位平面图、铺装详图、景墙详图、亭子详图、长廊详图、跌水瀑布详图、水中种植池详图、道路详图、台阶详图等，如图2.6～图2.20所示。

【祥泰瑶都居住区全套园建施工图】

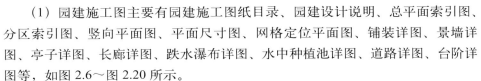

图2.6　园建施工图纸目录

图 2.7　园建设计说明

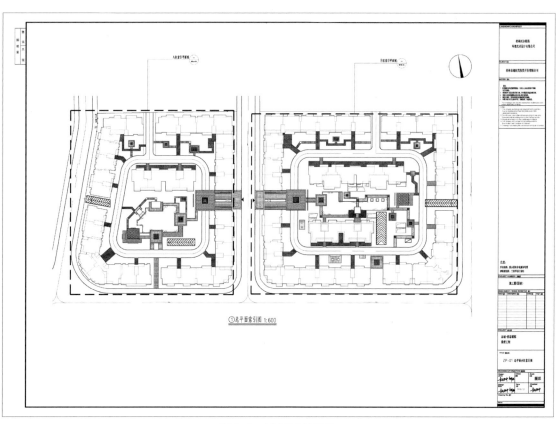

图 2.8　总平面索引图

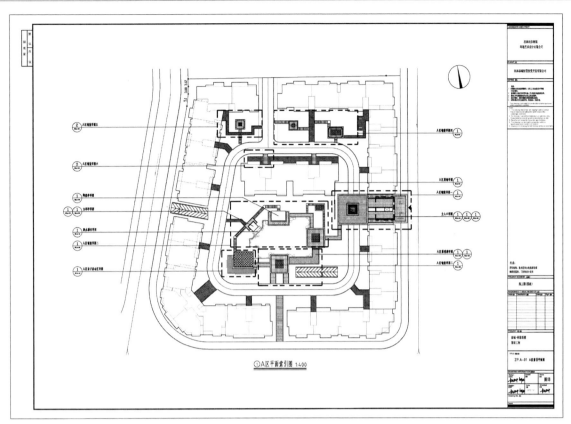

图 2.9 分区索引图

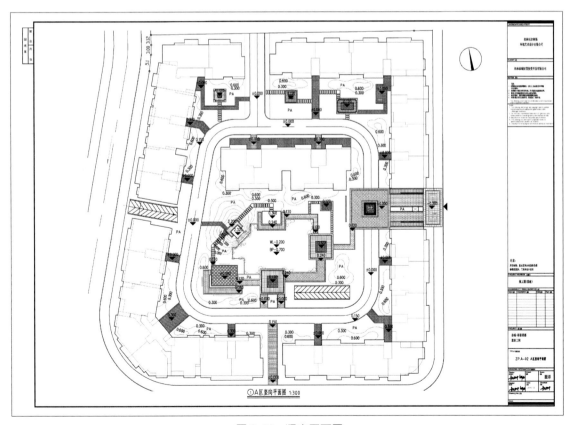

图 2.10 竖向平面图

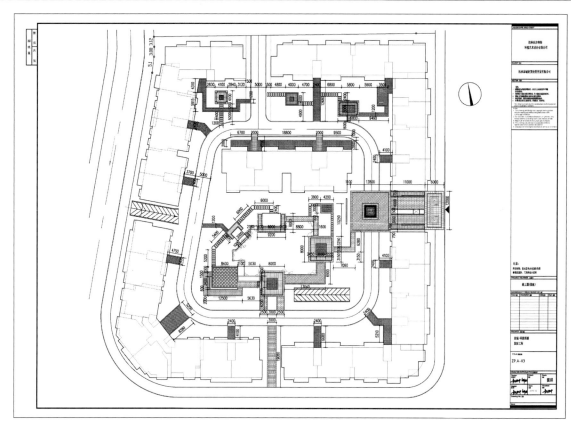

图 2.11 平面尺寸图

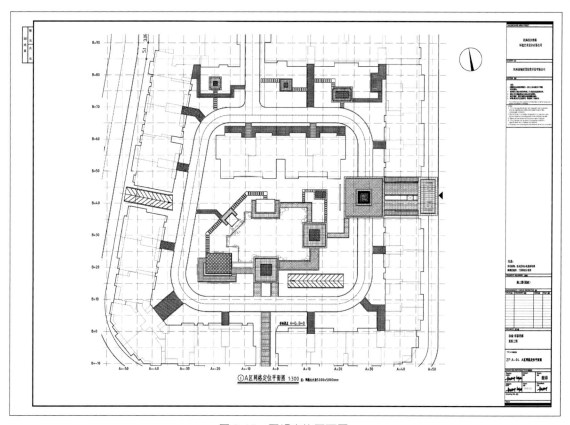

图 2.12 网格定位平面图

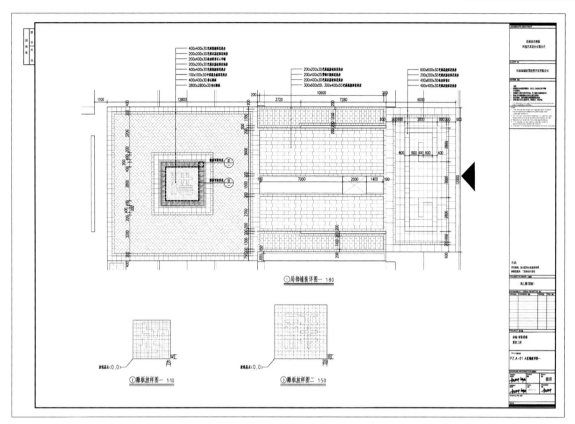

图 2.13 铺装详图

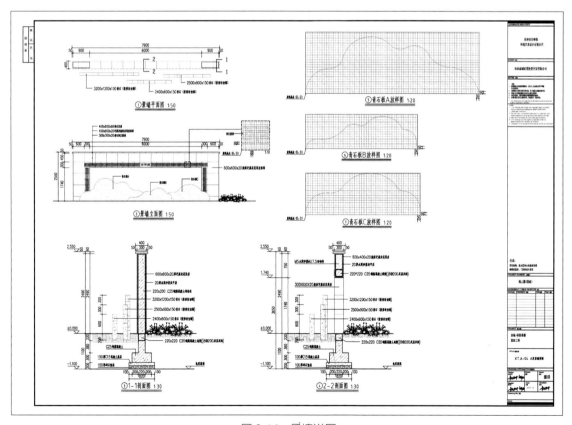

图 2.14 景墙详图

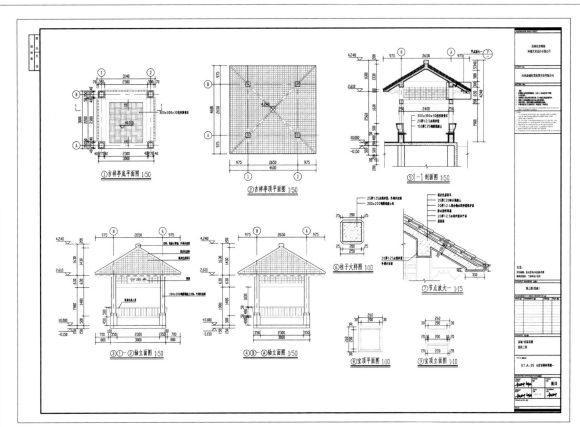

图 2.15 亭子详图

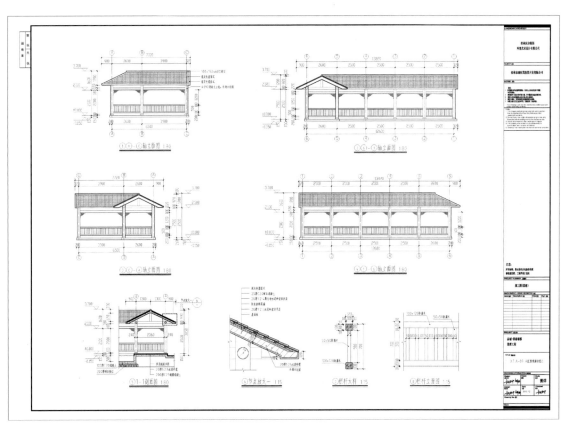

图 2.16 长廊详图

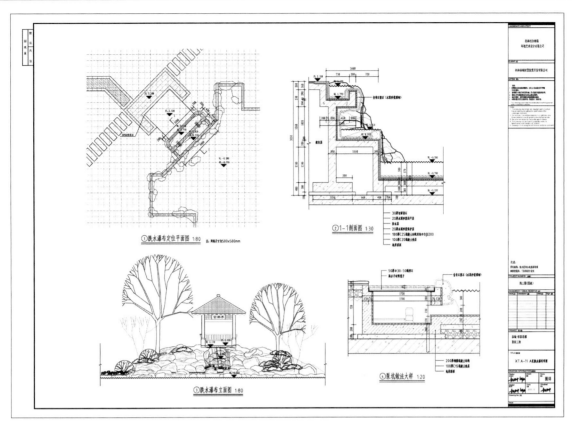

图 2.17 跌水瀑布详图

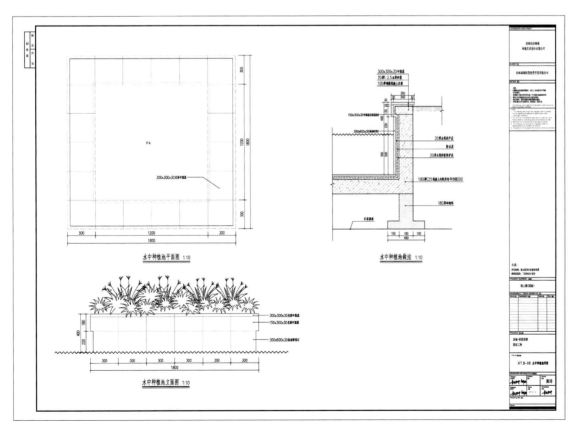

图 2.18 水中种植池详图

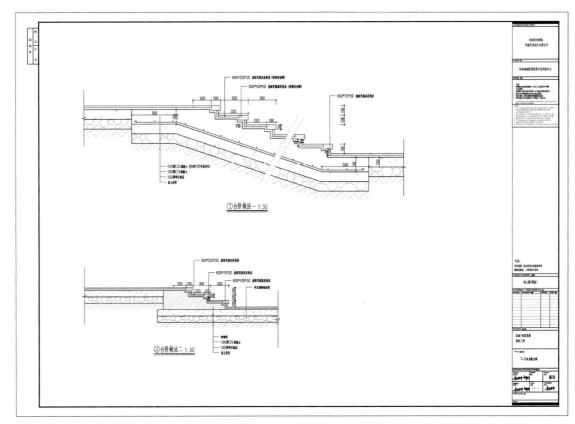

图 2.19 道路详图

图 2.20 台阶详图

（2）绿化施工图主要有绿化施工图纸目录、种植施工设计说明、苗木表、乔木种植平面图、灌木种植平面图、地被种植平面图等，如图 2.21～图 2.26 所示。

【祥泰瑶都居住区全套绿化施工图】

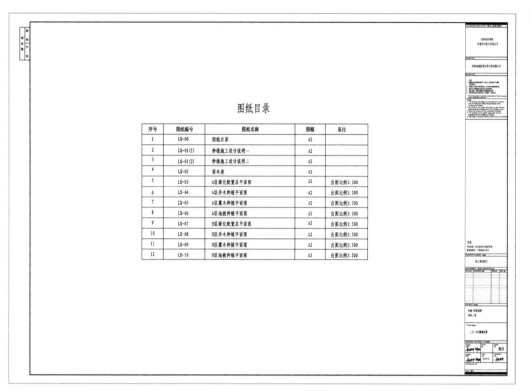

图 2.21　绿化施工图纸目录

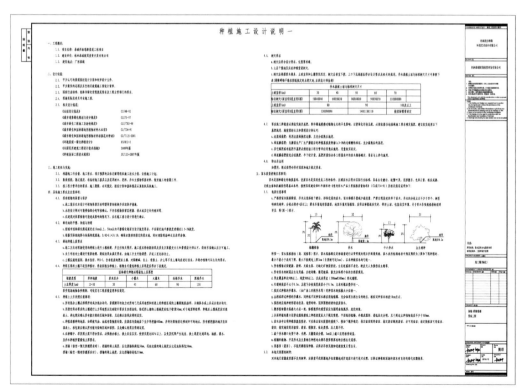

图 2.22　种植施工设计说明

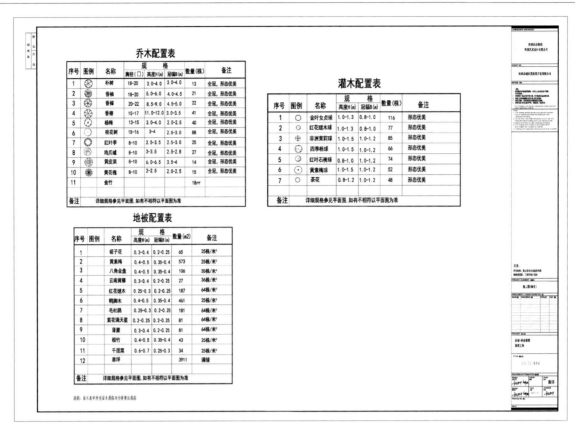

图 2.23　苗木表

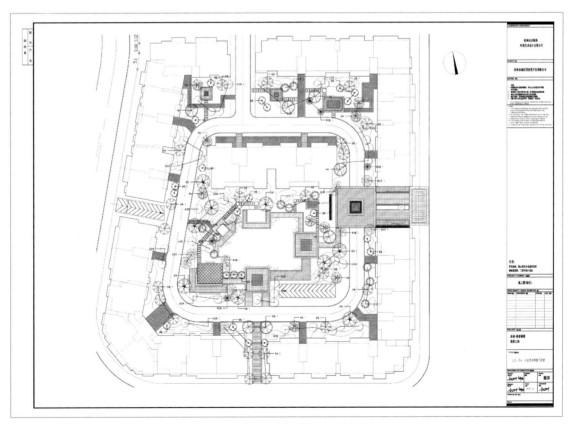

图 2.24　乔木种植平面图

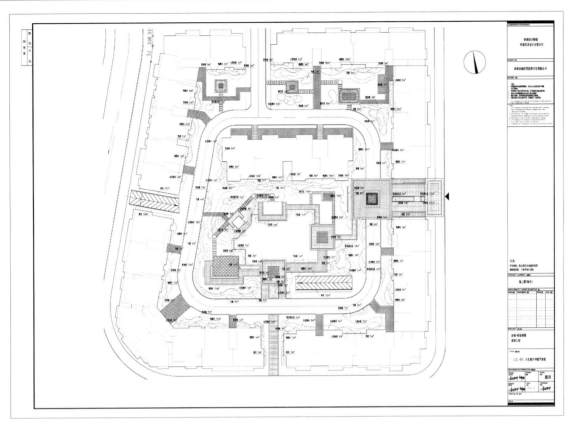

图 2.25 灌木种植平面图

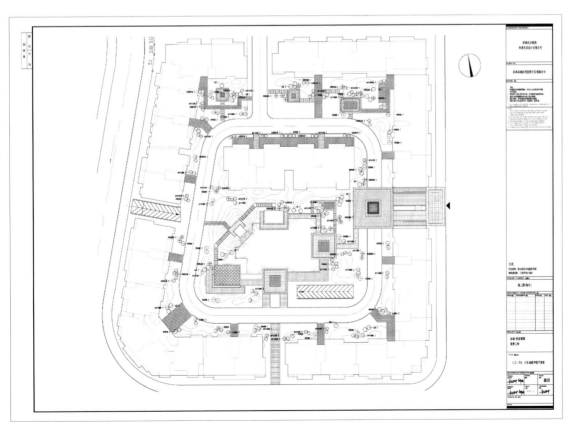

图 2.26 地被种植平面图

（3）水电施工图主要有水电施工图纸目录、给排水设计说明、给水平面布置、排水平面布置、给排水大样图、电气设计说明、配电平面图、配电图、灯具安装详图等，部分如图2.27～图2.29所示。

【祥泰瑶都居住区全套水电施工图】

图2.27　水电施工图纸目录

图2.28　给排水设计说明

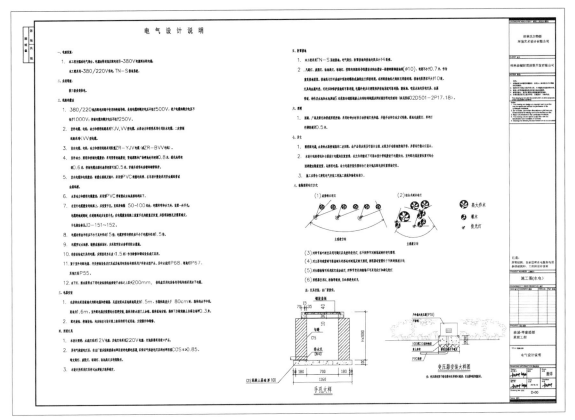

图 2.29 电气设计说明

第二节 居住区景观方案设计的基本方法

一、设计构思

1. 构思立意

立意是居住区景观设计的总意图，是整个景观设计的灵魂。只有立意恰当，才能创造出具有丰富审美情趣、体现时代感的居住区景观。好的设计一般立意新颖，从大自然和文化艺术中汲取养分，获得设计素材和灵感，用来提高方案构思能力，进行设计创新。除此之外，在设计过程中要善于发掘与设计主题相关的素材，再进行演变。如图 2.30 和图 2.31 所示的项目位于桂林市恭城瑶族自治县，其景观平面设计运用了瑶族传统文化元素和具有当地特色的桃花形态。

2. 基地分析和整体布置

基地是景观规划和方案设计的重要内容。居住区景观方案设计的基地分析包括地形、建筑空间、采光、交通等分析。景观轴线定位、功能分区、交通路线设计、景观节点分布等都要合理利用现状，做到方案设计因地制宜。基地整体布置分析图如图 2.32～图 2.34 所示。

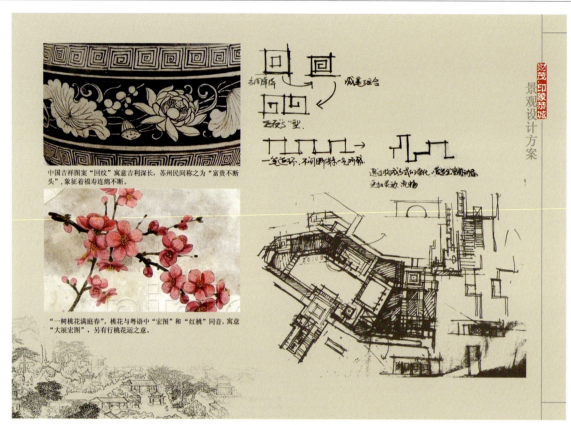

图 2.30 构思立意

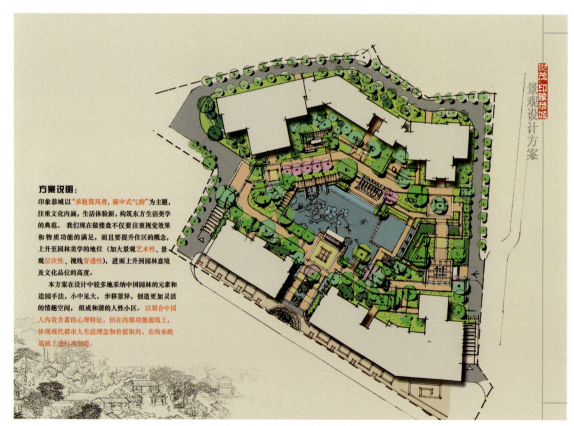

图 2.31 景观平面设计彩图

图 2.32　功能分区

图 2.33　交通分析

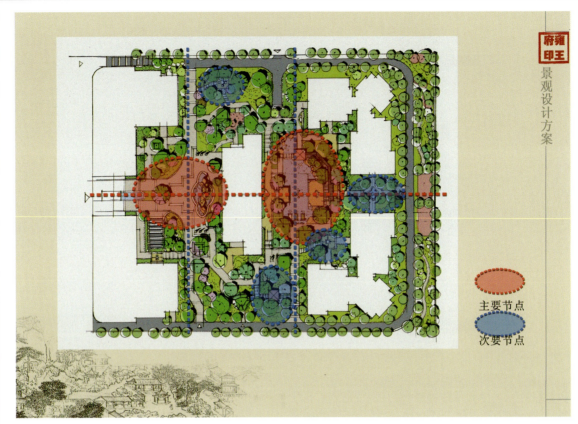

图 2.34　景观节点分析

二、构图的艺术法则

1. 变化与统一

变化与统一是形式美的重要法则，在变化中求统一，在统一中求变化，也是丰富居住区景观设计效果的重要法则。如果统一而没有变化，则设计效果呆板单调；如果变化而没有统一，则设计效果杂乱无章。居住区景观是多种要素组成的空间艺术，要创造多样且统一的艺术效果，可通过许多途径来达到。居住区景观设计中主要有形式的变化与统一、局部与整体的变化与统一、材料的变化与统一、植物多样化的变化与统一等。

2. 比例与尺度

居住区景观由植物、建筑、园路、广场、水体、山石等组成，它们之间都有一定的比例与尺度关系。比例包含两方面的意义：一方面是指园林构成要素之间或者局部构件本身的长、宽、高之间的比例关系；另一方面是指园林景物整体与局部之间的尺度关系。景观构图的比例与尺度都要以使用功能和自然景观为依据。因为大型居住区中的园林建筑物和构筑物的规格很大，而小型居住区中的园林建筑物和构筑物的规格都比较小，所以建筑景观常利用比例来突出以小见大的效果。

3. 对比与调和

对比与调和是事物存在的两种矛盾状态，体现出事物存在的差异性。对比是在事物的差异性中求异，是把两种不相同的造景元素放在一起，使人感到醒目，体会层次分明之美；调和是在事物的差异性中求同，把两个相当的造景元素并在一起，使人感到融合、协调，在变化中求得一致。在居住区景观设计构图中，各种景物之间差异程度越大，各自特点就越明显；差异程度越小，景观效果越含蓄，整体就越和谐。

居住区景观设计中常用的对比方式有：

（1）形状对比。居住区景观中构成园林景物的点、线、面、体和空间常表现出各种不同的形状对比，如曲直对比、方圆对比、长短对比、宽窄对比等。在布局中只采用一种或类似的形状时易取得协调和统一的效果，即调和；相反，则取得对比的效果。

（2）体量对比。体量相同的物体放在不同的空间中，给人的感觉就不同，如放在空旷的空间中，物体就显得小；放在狭小的空间中，物体就显得大。景观布局中常采用一系列小的物体来衬托一个大的物体，以突出主体。

（3）方向对比。在景观的平面空间和竖向空间处理中，常运用水平、垂直、倾斜方向的对比，以丰富景观空间的效果。如各种跌落水景的对比、姿态多样的乔木和绿篱的对比等，都是运用水平与垂直方向上的对比。

（4）空间对比。在景观空间设计上，要注意景观空间的开敞与封闭对比，可以是半开敞与开敞对比、半封闭与封闭对比、开敞与半开敞对比等。如绿地设计中要充分利用空间的开合对比，形成封闭中有开放、开放中有封闭的效果，相互对比，彼此烘托，视线忽远忽近，可有效地增加空间的层次变化。

（5）明暗对比。南宋诗人陆游的诗句"山重水复疑无路，柳暗花明又一村"中体现了空间中明暗对比的美妙。不同明暗对比程度的景观会使人产生不同的心理感受，明暗对比强的景物使人爽朗、振奋，明暗对比弱的景物则使人柔和、低沉。由暗入明，感觉放松；由明入暗，则感觉压抑。

（6）虚实对比。景观中的虚实对比包括密林与疏林的对比、实墙与虚墙的对比、山与水的对比等。虚给人以轻松感，实给人以厚重感。如湖面有小岛，湖面水体为虚，小岛为实，形成虚实对比；同一面景墙，封闭处为实，漏景处则为虚；居住区与外界用浓密的法国冬青作绿篱障景为实，用稀疏的绿植来虚化居住区建筑外墙则为虚。景观布局应做到虚中有实，实中有虚。

（7）色彩对比。色彩的对比包括色彩明度对比、色相对比、纯度对比等。如何让居住区景观中的植物设计层次丰富，与色彩对比有直接关系，一般重要景观植物颜色相比其他植物颜色要艳丽一些，而且背景植物色彩饱和度相对要低一些。

（8）肌理对比。在居住区景观设计中，可利用材料的质感和肌理形成对比，来增强空间效果。植物因树种的不同而有粗糙与光洁、厚实与通透的不同，建筑材料更是如此，如未经处理的墙面粗糙，抹了灰浆的墙面则很光滑。

（9）动静对比。在居住区景观设计中，应充分利用水来营造动静环境，如瀑布、溪流、涌泉等能打造动态之美；镜面水可以很好地映射环境，达到拓展景观空间的效果。

4. 节奏与韵律

在居住区景观设计中，节奏是指统一或相似的景物反复连续地出现，通过时间的运动而产生美感，如路灯、特色景观柱、花坛、行道树等。韵律则是节奏的深化，是指有规律的高低、大小、曲直、明度等变化，从而富有律动感。由于节奏与韵律具有内在的共同性，所以可以用节奏与韵律表示它们的综合意义：

（1）单一韵律。同种景观元素等距反复出现。
（2）交替韵律。两种以上等距景观元素反复出现。
（3）起伏韵律。一种或数种在景观元素形象上与规律的起伏、曲折变化。
（4）交错韵律。某一景观元素做有规律的纵横穿插或交错变化，但变化按纵横或多方向进行。

5. 均衡与稳定

居住区景观中各景物因体量和材料的不同会产生不同的重量感。探讨居住区景观设计的均衡与稳定原则是为了获得园林景观布局的完整感和舒适感。均衡是指园林布局中的部分与整体、部分与部分的相对关系，如左与右、上与下、前与后的轻重关系等；而稳定是指景观布局在人的视觉上和心理上的轻重关系。

(1) 均衡。均衡可分为对称均衡和不对称均衡。

① 对称均衡。对称均衡布局是有明确的轴线，在轴线左右完全对称，常给人以庄重严整的感觉，在规则式的园林绿地中采用较多。如纪念性园林、公共建筑的前庭绿化等，有时在某些园林的局部也采用对称均衡。对称均衡布局小至行道树、花坛、雕塑、水池的布局，大至整个园林绿地建筑、道路的布局。但是，对称均衡布局的景物常因过于呆板而显得不亲切。

② 不对称均衡。在园林景观的布局中，由于受功能、组成部分、地形等各种复杂条件的制约，往往很难也没有必要做到绝对的对称，在这种情况下常采用不对称均衡的方法。不对称均衡布局要综合衡量园林景观构成要素的虚实、色彩、质感、疏密、线条、体形、数量等使人产生的体量感觉，切忌单纯考虑平面的构图。不对称均衡布局小至树丛、散置山石、自然水池的布局，大至整个园林绿地、风景区的布局。不对称均衡布局常给人以轻松、自由、活泼变化的感觉，所以广泛应用于一般游憩性的自然式园林景观中。

(2) 稳定。稳定是指园林建筑、山石和园林植物等上下、大小所呈现的轻重感。在园林布局上，往往在体量上采用下面大、向上逐渐缩小的方法来取得稳定坚固感，如我国古典园林中的塔楼等；在园林建筑和山石处理上，常利用材料、质地所给人的不同重量感来获得稳定感，如建筑的基部墙面多采用粗糙和深色的石材来处理表面，在上层部分采用较光滑或色彩较浅的材料，在土山带石的土丘上则往往把山石设置在山麓部分给人以稳定感。

6. 比拟与联想

(1) 以小见大、以少代多产生联想。模拟自然山水，可创造小中见大。咫尺山林的意境虽能使人产生真山真水的感受，但这种模拟不是简单的模仿，也不是全部自然山水的模拟，而是经过艺术加工的局部的模拟。

(2) 建筑雕塑产生联想。建筑雕塑常与历史事件、人物故事、神话传说、动植物形象相联系，使人产生艺术联想，如卡通小屋、蘑菇亭、月洞门、名人塑像、仿竹和仿木坐凳等。

(3) 文物古迹产生联想。参观神话传说或历史故事的遗址或模拟遗址时，会联想到当时的情景，给人以多方面的教益，如杭州的岳坟和灵隐寺、武汉的黄鹤楼、成都的武侯祠和杜甫草堂等。

(4) 命名题咏产生联想。好的命名题咏不仅可以对景观起到画龙点睛的作用，而且含义深、韵味浓、意境高，能使人产生诗情画意的联想，如平湖秋月、曲院风荷、荷风四面亭、看松读画轩等。

(5) 植物拟人化产生联想。运用植物拟人化的特性美、姿态美，给人以不同的感受从而产生联想，如松、竹、梅为"岁寒三友"，象征坚强不屈、气节高尚、不畏严寒。

第三节 居住区景观设计原则

一、安全性原则

安全性需求是居住区最基本的需求。安全的居住区环境可以提高居民的生活质量，增强其归属感。安全性在居住区景观设计中不仅体现在空间安全感的营造方面，而且体现在景观元素的设计上，如道路安全、水景观安全和无障碍设施安全。

二、经济性原则

经济性原则是居住区景观设计的宗旨。居住环境建设在把握经济性的前提下，应提高户外环境的使用率。一般通过相对少的投入最大限度地提升居住区户外环境效果，尽量减少轴线式喷泉水景、罗马柱、尺度夸张的中心广场、大草坪等与人的使用限度相背离的设计方法。在满足生态功能要求的基础上，使户外环境设计真正为人服务，而并非只是从感观上吸引人的眼球。

三、地域性原则

居住区景观设计要把握地域的历史文化脉络。设计师在设计之初要对居住区所在地的地域文化、民俗风情等进行调研，通过对地域文化的呈现，使居住者在精神上得到慰藉。由于我国幅员辽阔，所以各地的居住区景观设计的主题要充分体现地方特征和自然特色，如青岛"碧水蓝天白墙红瓦"体现了滨海城市的特色；海口"椰风海韵"呈现出一派南国风情；重庆"错落有致"体现了山地城市的特点；苏州"小桥流水"则是江南水乡的韵致。居住区景观设计应充分利用区域的地形、地貌特点，既要运用我国古典园林景观营造的精髓，利用自然、依托自然，又要运用现代景观设计的技术手法借景造景，塑造出富有创意和个性的景观空间。

四、持续性原则

居住区景观设计要走可持续发展道路，具体表现为自然环境的可持续发展和社会环境的可持续发展，真正体现生态的内涵。居住区景观设计不仅要提高居住区的绿化率，加大水体的面积，而且要将居住区景观作为自然系统中的开放子系统，这就要求：合理利用现有条件，保护和治理生态环境；合理避免因过多的空间闲置而造成的空间浪费；合理避免超过实际使用需要的环境尺度；合理采用节能的活动设施和小品，避免因不必要的豪华装饰而造成的浪费。另外，随着社会的进步、科技的发展，居民势必会对居住区的功能提出更高的要求。任何一个看似完美的景观设计在长时间后必会露出某些缺陷，因此，设计师在设计时要考虑到更长远的需求，为居住区未来的发展留下余地，以供日后居民根据他们的实际体验进行改建。

五、参与性原则

在居住区景观设计中，居民的参与具有重要的意义。居住区景观设计的目的是为居民提供一个可以参与交往的空间，这也是住房商品化的特征，必须要能够唤起居民的参与感，让居民享受生活在居住环境中的乐趣。例如，设置一些互动性、体验性强的景观设施，能够充分调动居民参与的积极性；居民对环境的绿化、美化及维护工作的参与，既使环境建设满足了居民的需求，又使居民在参与过程中加强了认同感，为居民的和谐交往提供了一种途径。

六、整体性原则

从设计的行为特征来看，居住区景观设计是一种强调环境整体效果的艺术。居住区景观的整体性原则主要体现在各类空间的设置比例适当，设施的配置位置、数量平衡，植物配置整体统一等。在居住区景观设计中，各类空间相互联系，交织成网，形成居住区的空间网络，这个网络要与居住区整体规划和谐统一。

七、识别性原则

居住区景观设计中的识别性原则是指置身于景观空间中的居民能够轻松地对空间、方位等进行识别并做出快速的判断。对于整个环境来说，只要方向明确、结构清晰，即使局部存在一些认知模糊的区域，也不影响整体环境的可识别性。在居住区景观设计中，有许多方法可以用来提高居住区的可识别性，如树立标志物、设计节点、创造独特的景观小品、形成特有的空间环境等。

八、私密性原则

　　居住区景观设计中的私密性原则主要是指景观设计能让居民生活的私密性得到保障。现代居住区开发的程度越来越高，容纳的居民也越来越多，尤其是与建筑底层相连的景观设计应该考虑私密性处理。例如，可以在住宅前用栅栏围出一定范围，作为住户花园，加强住户私密感和控制感；可以在设计围墙时，将视线以下的部分设计成实墙，将视线以上部分设计成栏杆或木栅栏，视线可以穿过，这样住宅内的人可以看到花园外面的情景，而外面的人则看不到花园里面的情况，既保证了私密性，又避免了将室外的景观引入室内。

作　　业

　　（1）居住区景观设计程序是怎样的？
　　（2）居住区构图的艺术法则有哪些？
　　（3）居住区景观设计有哪些原则？

第三章 居住区入口景观设计

学习目标：

(1) 了解居住区入口的功能。
(2) 了解居住区入口的分类形式。
(3) 了解居住区主次入口的位置如何选择。
(4) 了解居住区入口景观各要素的设计要点。
(5) 能考虑到居住区入口的主次和设计要素，合理地设计居住区入口。

本章要点：

(1) 居住区入口的构成要素。
(2) 居住区入口的景观空间。
(3) 居住区入口的设计方法。

本章引言

入口可拆分为"入"和"口"分别进行释义。"入"即由外到内,"口"即出入通过的地方,"入口"则解释为进入的地方。居住区入口就是从外部空间进入居住区内部空间的地方,包括岗亭、闸门、铺装、小品等附属物。

第一节　居住区入口的功能

居住区入口作为居民栖息地与外部过渡的空间,连接居住区的内外交通、文化、信息、安全等,发挥着"桥梁"的作用。因为居住区入口的重要性,其越来越受到人们的重视,其功能也在逐步地完善。

概括来说,居住区入口的功能可分为基础功能、社会功能、美学功能、服务功能4种。

一、基础功能

居住区入口的基础功能包括安全防御功能与通行功能。

1. 安全防御功能

在我国古代,人们为了抵御外来侵略,在国土边界会修筑长城(见图3.1),以保护国土与人民的安全;很多城市会修筑护城河与城墙(见图3.2),用来保护当地居民的安全。在11世纪的欧洲,由于中央集权制的衰落,贵族需要确立对地方的控制及防止蛮族侵扰,各地修建的城堡(见图3.3)如雨后春笋般相继出现。由此可见,只要是有居民生活的地方,无论人数多少、面积大小,都需要考虑安全防御功能。

居住区的入口是结合围墙所设计的安全屏障。我国20世纪80年代修建的居住区,大多数是开放性小区(见图3.4)。但是,开放性小区经常会发生盗窃、儿童走失、交通安全等问题。

图3.1　长城

图3.2　护城河与城墙

图3.3　城堡

图3.4　开放性小区

为了解决这些问题,清除居民的恐惧心理,居住区入口大门的设计一般会加上摄像头、电闸门、岗位亭等配套设施,使居住区形成相对封闭的空间,提高了安全系数。人们在购房时会将居住区安全问题作为重要的因素来考虑。

2. 通行功能

居住区入口的通行功能包括人车分流、车车分流、缓冲广场和减少障碍。

(1)人车分流。人车分流就是把人与车的行走路线区分开来,这是现代居住区入口设计的一个基本标准。在场地允许的前提下,做好人车分流能够有效地保障居民的通行安全,也可以避免因此产生的混乱。

(2)车车分流。做好车与车的分流也是居住区入口设计需要考虑的,最好在车辆通行区域区分机动车车道与非机动车车道。在车道宽度允许的前提下,机动车车道可分为双向车道,可用水景或植物带作为元素来区分进出方向。

(3)缓冲广场。根据城市规划中退缩红线的规定,居住区必须向内退出一定空间作为缓冲广场(见图3.5),避免因车辆出入导致与居住区相连的城市干道形成拥堵的现象。

图3.5 居住区前的缓冲广场

(4)减少障碍。有些居住区与城市空间有落差,便尽可能地在入口处减少台阶的使用,利用缓坡解决高差问题。如果有台阶,则需要配套无障碍通道,以方便老年人、婴儿车、残疾人通行。这些减少障碍的功能设置,体现了居住区人性化设计。

二、社会功能

社会功能是指居住区入口作为一处场所,能够满足人们在社交中的心理和行为需求的功能,包括交往功能、过渡功能。

1. 交往功能

美国心理学家亚伯拉罕·马斯洛认为,人在社会中的心理需求可分为生理需要、安全需要、社会需要、尊重需要、自我实现需要。其中,生理需要和安全需要处在温饱阶段,社会需要和尊重需要处在小康阶段,自我实现需要处在富裕阶段。我国已经达到温饱水平,即满足了人们生理需要和安全需要,衣、食、住、行已经基本满足。人们在奔向小康的道路上,需要实现社会需要和尊重需要,而社会需要和尊重需要的前提是人与人之间的交往。

居住区入口是居民对外的必经之路,是人流量相对较大的场所。在居住区入口设计中,需要设计一个舒适、安全的场所,营造美好的气氛,能够提高人与人交往的频率。例如,增加居住区入口小广场的设计，从流动空间到静止空间，都能留住居民的脚步，增加其交往的可能性，也不会对其他行人、车辆造成冲突与干扰。又如，在小广场设计林下空间，如高大的乔木与树池结合，能为居民提供遮风避雨的场所，也能为居民平时的短暂交谈提供便利之处。

2. 过渡功能

（1）心理感官过渡。随着城市化进程的发展，居住区已并非原来的独门独户的居住形式，居住区共享景观环境也代替了家庭院落，这就使居民的心理归属感产生了变化。居民从通过居住区入口的那一刻起，就意味着回到了"家"。城市交通的错综、城市环境的纷繁、城市声音的喧嚣……通过居住区入口后，人们慢慢步入舒适宜人的生活环境，良好的邻里关系让居民忙碌的脚步变得悠闲。

（2）自然环境过渡。通过景观元素的有序排列，能够组成环境的过渡空间。例如，有效地利用植物进行配置，可根据地被植物、灌木、乔木的高矮中低进行搭配，也可从树种中选择能够净化空气、隔离噪声的植物。又如，利用水体中动水的形式，通过水体的跌水、喷泉或涌泉产生的水声来隔离外部嘈杂。这些设计会让人从一个开放式的社会环境进入相对封闭的小空间，空气、噪声在这个小空间则成为宜人的小气候，既产生了景观美感，又起到了自然环境过渡的作用。

三、美学功能

居住区入口是居住区的门脸，也是形象工程。居住区入口的美学功能包括标志功能和广告功能，两者是相辅相成的关系。

1. 标志功能

城市意象五元素包括路径、区域、节点、边沿和标志。居住区入口是区分内外空间的一道屏障，人们通过入口标志来识别居住区。同时，入口标志也起着引导作用，引导居民回家的方向，也暗示着路过者不要擅自闯入。

居住区的入口标志有以下两种设计方式：

（1）独立一体设计标志。这种方式结合景墙、水景、植物组合设计独立的景观标志，通常放置居住区大门的前端小广场中心处，或放在大门左右侧的一端，如图3.6所示。

图3.6 独立一体的入口标志设计

（2）结合大门设计标志。这种方式利用居住区大门本身的建筑体量，在其门楣做横向文字标志，或在左右侧做竖向文字标志，如图 3.7 所示。

图 3.7　结合大门设计入口标志

2. 广告功能

人们常说，"窥一斑而识全豹"或"看大门识房价"。精美的居住区入口设计是城市形象，也是街道立面绿化的重要组成部分。居住区入口是居住区的一个门脸，人们通常会根据居住区入口的好坏来判断居住区内部景观条件及住房的档次。因此，房地产商通常会在居住区入口处投入大量的物力和财力，如选择质地精美的花岗岩、采用高耸的罗马柱、配合灯光喷泉、种植名贵树种等。

四、服务功能

居住区入口的服务功能在入口建造时就已具备，但随着现代城市规划的成熟其衍生出信息时代应具有服务功能。

1. 车辆临时停放功能

根据城市规划退缩红线的规定，居住区必须向内退出一定空间以缓冲车与人，这些退缩的空间可作为临时车辆停放区。有些居住区为保证环境安宁，实行人车分流，车辆直接进入地下车库，车辆临时停放区供需要进居住区的安装维修等服务车辆临时停放，或满足出租车、私家车等人临时泊车的需求。由"互联网+"衍生出来的共享自行车也是停在居住区入口临时存放车辆的场所。

2. 快递存放功能

随着信息时代的迅速发展，网购已成为当前生活潮流的一部分。由于居民在上班时间或者外出期间无法收取快递，也有很多居民从安全因素考虑不愿意让快递上门，所以快递存放柜逐渐成为居住区入口不可缺少的一部分。快递存放柜（见图 3.8）通常安置在居住区入口左右两侧，处在居民回家的必经之路。

3. 商贩功能

从城市管理层面上来看，小商贩经营难以管理，但从现实存在的角度出发，大多数城市居住区入口处还是存在小商贩经营，特别是在中小型城市的居住区，这种生活气息较浓。以桂林市某些居住区为例，从早上 5 点到上午 8 点，会有卖菜的小商贩驻在居住区入口处；从早上 6 点到上午 10 点，会有早餐车停留在居住区入口处；从下午 5 点以后，人们下班回来，可以在居住区入口的摊位买到凉菜、卤菜或者水果。从一定层面上来看，居住区入口还承担着买卖的功能。

图 3.8　居住区大门快递存放柜

第二节　居住区入口的分类

由于地形不一、场地大小不一、居住区所在位置与街道相连情况不一，所以居住区入口的形式多种多样。一般可按照功能大小、平面组成形式、人与车辆通行关系、入口处有无广场来对居住区入口进行分类，其中有布局严谨的入口，有轻松但不失大气的入口，也有老式的人车混行入口，还有人性化的人车分流入口。

一、按功能大小分类

1. 主入口

主入口有别于次入口，其在主次关系上占主导地位。例如，在位置上，主入口应选择在居住区四周最主要的干道相连处，而不应选在道路交叉口，以免影响城市交通；在体量上，主入口比次入口大，通常设计精美；在占地面积上，主入口人车流量较大，占地面积更广；在配套设施上，主入口设备齐全，尽可能地满足入口所具备的各种需求；在景观效果上，主入口景观效果好，通常与水景、山石相呼应，而且植物配置丰富。

2. 次入口

次入口在功能上起到辅助主入口的作用，如下所述：

（1）缓解主入口的交通压力。在交通高峰期时，选择次入口出入能够避免拥堵，缓解城市交通压力。

（2）方便次入口附近居民的通行。居住区占地面积较大时，次入口附近的居民若选择主入口通行，会造成一定的距离和时间浪费。次入口既方便了其附近居民起居生活，也方便了所有居民享受次入口附近的商业文化。

（3）保障消防、疏散、救灾等城市活动。

二、按平面组成形式分类

1. 对称式入口

对称式入口能给人以庄严、大气、严谨的景观效果，视觉效果上秩序感强、层次分明，是入口常见的处理手法。这种形式通常在空间场所中以一条景观轴作为中心线，左右两边对称且有序地分布着相似或相同的植物、雕塑、小品、水景等景观元素（见图3.9）。在景观设计中要注意各要素的比例与空间关系的协调性，否则会给人以呆板、保守、不活泼的景观效果。

图3.9　对称式入口

2. 非对称式入口

非对称式入口往往给人以活泼、自由、生动的感觉，通常在空间场所中无明显的对称轴，而是利用景观元素相继组合成画意式景观，划分出丰富多彩的景观空间。这种形式不刻意强调某一种意识形态或功能需求，设计手法多样，是一种混搭风格，近年来也颇受业主们欢迎。

三、按人与车辆通行关系分类

1. 人行通过入口

人行通过入口仅供人通行（见图3.10），少数会允许非机动车辆通行。人行通过入口设计也会把车辆通行作为附属设计，但占地面积不大，车辆通行处一般为单行，仅在紧急情况或者临时车辆出入时打开，如允许消防车等市政车辆通行，或搬家公司车辆等临时通行。这种形式能够保证居住区景观环境的和谐，不被机动车辆和非机动车辆打扰，也能更好地开展居住区人文活动，是站在人居的角度去设计，可以营造一个安全舒适的空间环境。

图 3.10 人行通过入口

2. 人车合流入口

人车合流入口是指人与机动车、非机动车共用一个入口（见图 3.11）。这是现存大多数老居住区入口的布局方式，其优点在于：形式简单，节约管理资源，方便管理；其缺点在于：因为人车共用一条道，所以交通组织形式混乱，对居民特别是小孩的出入存在安全隐患。在这种入口设计中，应在入口处设置减速带，降低进出居住区车辆的绝对速度，以保证居民行走安全。

图 3.11 人车合流入口

3. 人车分流入口

人车分流入口对道路断面的宽度有一定的尺寸要求，需要同时满足车道宽度和人行宽度。人车分流入口可分为以下两种形式：

（1）人车分流，但车不分流。这种形式的设计在车道上既可以满足单车通行，也可以满足双车通行，但双车通行并不设计隔离带以区分"出""入"车辆（见图3.12）。在设计中将人和车分开，通常在竖向上采用落差关系以示区分，如人行道高出车行道一个路牙的高度，以保证人行的安全。在场地允许的情况下，最好将植物绿化作为分割人与车的分隔带，既起到绿化入口的作用，也最大限度地保护了行人的安全。这种形式一般设计岗亭，岗亭位于车道左侧或右侧。

图3.12　人车分流，但车不分流

（2）人车分流，车辆双向通行。这种形式的入口一般用于人车流量较大的居住区中，可以有效地管理人和车辆的出入，但设计需要足够场地要求。设计中岗亭位于中轴，"出""入"车辆分别在岗亭的两侧，人行通道也会被划分为"出""入"道，在道路两侧呈对称分布（见图3.13）。

图3.13　人车分流，车辆双向通行

因为车辆被划分为"出""入"专向车道，车速会相对较快，所以在出入口处设计减速带必不可少。此外，岗亭中轴可采用绿化带的形式加以区分，以保证车与车之间的安全；人行道与车行道可用路牙的形式保障人行安全，如果场地允许，尽可能地采用路牙与植物相结合的隔离带最大限度地保障行人安全。例如，大型的居住区车流和人流较多，岗亭可在左右两侧分别设置，以保证有效的管理。

四、按入口处有无广场分类

1. 入口处有广场

入口处设计广场用于缓解人流、车流的通行，可以起到交通集散的作用，也可以作为行人的休息停留空间。

（1）广场在大门外。入口处有广场，且广场在大门外（见图3.14），这种形式能够分担城市交通压力，一般在人车分流比较复杂的地区设计，能够将交通的组织和分流控制在小区以外。这种形式的优点是不会打破居住区内部景观空间，也提供了大量的缓冲空间；缺点是居住区内部绿化及活动场地相对减少。

图3.14　广场在大门外

（2）广场在大门内。入口处有广场，且广场在大门内，这种形式一般用于衔接居住区内部景观的集散点，是重要的景观区。通常在居住区外部空间狭小，而无足够场地时，会采用这种形式的设计。这种形式的优点是能增加广场内部的绿化面，使得广场与居住区得到充分的融合；缺点是容易造成居住区内部出入口混乱，使内部空间嘈杂不安。

（3）大门内外均有广场。这种形式是前两种形式的混合形式（见图3.15），能够在居住区内外都起到疏散交通的作用，同时兼顾前两种类型的优缺点。

2. 入口处无广场

有些老居住区在入口处并无广场（见图3.16），人车都需要快速通行，无法停留，景观组织形式弱，如设计在主入口则易发生事故或产生交通滞留情况。通常在次入口或专用出入口中采用这种形式的设计。

图 3.15 入口内外均有广场

图 3.16 入口处无广场

五、按大门建筑风格分类

1. 新中式风格大门

新中式风格大门利用传统中式风格提炼出符合现代审美观念的元素,形成既具传统中式韵味美又有现代感的一种风格,是现代人的一种审美趋势。

2. 欧式风格大门

欧式风格大门利用罗马柱、拱券门组合而成,大理石的贴面增添了大门的质感,显得更为端庄、豪华,是高档小区的首选风格。

3. 现代风格大门

现代风格大门常利用几何形态打造出具有线条美的新形式大门,其新颖、独特的构造方式颇受年轻人的喜爱。

【新中式大门赏析】

【欧式大门赏析】

【现代风格大门赏析】

第三节　居住区入口的位置选择

居住区入口的选择跟城市交通和居民出行息息相关。居住区入口的位置如果选择得当，则能给居民出行带来便利，还能缓解城市的交通压力；相反，居住区入口的位置如果选择不当，不仅会给居民出行带来不必要的麻烦，而且会造成城市干道的局部拥堵，形成交通隐患。

一、居住区入口位置应与路网相协调

安全性、舒适性、合理性是居住区内部路网系统的重要指标。居住区路网中的主干道与城市干道的交通体系相连，居住区入口则是连接居住区内部路网和城市干道的关键点。居住区入口位置的选择不仅影响城市干道的交通，而且制约居住区内部路网的连续性、完整性和便利性。综上所述，居住区内部路网、居住区入口、城市干道三者之间相辅相成，城市干道的主导作用制约了居住区入口及内部路网的设计，因此，在居住区入口位置的选择上，应考虑三者之间的相互协调关系。

二、居住区入口与景观设计相适应

从景观轴线的分析来看，通常会把居住区入口设置作为景观节点的起点，在景观轴线的始端起着景观龙头的作用。

1. 入口的数量

居住区入口由1个主入口和若干个次入口组成，根据所承担的职责和功能来划分主次入口的性质，根据审核规划文件确认入口的位置及数量。一般来说，居住区至少有2个人行入口和2个车行入口，2～4个是常规设计，太多或太少都不适合。

（1）入口设计数量过少。入口设计数量过少容易导致交通向一个入口汇集，给居住区内部路网和城市交通带来通行压力，尤其是在上下班高峰期会产生拥堵，给车辆和行人增加安全隐患。入口过少的居住区的交通组成形式中近端式道路居多，这种形式的设计需要增加回停车场次数才能让车辆顺利掉头，不仅降低了绿化率，而且影响了景观效果，同时增加了建设投资成本。

（2）入口设计数量过多。过多的入口不会使居住区产生通行压力，但无疑增加了建设投资成本和保安人员数量，也增加了居住区的治安风险，不利于居住区管理。因此，应根据居住区的大小规模及周边情况来合理规划入口数量。

2. 入口的开口方式

除了入口的数量，入口的开口方式也是非常重要的。入口开在哪一侧或者在一侧的哪个位置，都需要重点考察周边的交通环境、商场位置、人流方位等因素。

（1）主入口的开口方式。主入口选择城市次干道为宜，避免在城市主干道影响车辆的通行，也不宜与大型商场功能区邻近。如果主入口因地理位置受限不得不设在主干道，则应在入口处保留一定的过渡空间，在15m宽的位置上设置3个停车位左右即可，给城市主干道与居住区车辆通行留有缓冲空间，以缓解出行压力，增加安全系数。而人行道的入口则与之相反，可尽量选择城市主干道及商场、市场的邻近处开口，以方便居民生活出行。

（2）次入口的开口方式。次入口是根据居住区周边环境设计的与外界进行交通组织的辅助性入口，能缓解主入口的通行压力，通常选择在城市次干道及支道上，组织形式稍显简单。

3. 入口的配套设施

在设计入口时，可增加一些配套设施，如车牌自动识别系统、摄像头、电子闸道等，以充

分保障居民的安全。同时，可以利用入口铺装设计对人流和车流进行疏导，结合铺装的色彩、纹理、图案、形状来分割空间，既能有效地引导人流和车流方向，又能增加入口的和谐氛围，体现人文设计。

第四节　居住区入口景观构成要素

居住区入口景观要素可分为硬质景观（包括大门、景墙、景柱等）、软质景观（包括植物、水体等）、景观空间（包括地形、广场、光影等）、智能设备（包括监视系统、闸道、快递存放等）这四大类。这些大小景观要素的设计组成了完美的入口景观空间。

一、硬质景观

构成硬质景观的材料一般有花岗岩、大理石、砂岩、防腐木等，它们是需要通过生产加工并结合人工设计组合而成的新形态。

1. 大门

大门是居住区入口空间中体量最大的景观建筑，是分割内外空间的重要组成部分，起到标识、通行、防御、交流等作用。按照门体与周边的相连情况，大门可分为以下几种：

（1）独立式大门。这种形式的大门（见图3.17）通常由牌坊或者构架独立组合而成，有标识界限功能。

（2）与围墙相结合的大门。这种形式的大门（见图3.18）与建筑群体分开，通常与围墙相结合或者与植物景观相结合，组成2～3m的竖向空间，形成一个相对封闭的空间形态。

图3.17　独立式大门

图3.18　与围墙相结合的大门

（3）与建筑群体相结合的大门。这种形式的大门（见图3.19）往往与居住区建筑自身或者与周边商业建筑相连，组成10m以上的竖向空间，通常形成一个绝对封闭的空间形态，这种空间形态虽然安全系数高但容易产生压抑感。

入口大门在设计时应注意以下问题：

（1）风格与居住区建筑景观相吻合。大门应在风格、色彩、纹理、尺度上与居住区内部景观保持一致，并与周边环境相协调。

（2）大门体量应适中。尺度过大的大门会给居民带来空旷感，削弱其回家的归属感；尺度过小的大门则会产生交通的拥堵，造成混乱场景。

（3）注重细节的处理。大门是每个居民必经之处，也是居民近距离接触的地方，所以应注重细节，体现居住区品质。

图 3.19 与建筑群体相结合的大门

（4）标识作用。大门作为识别居住区的形象载体，具有标识作用，应尽量避免千篇一律的设计，要做到别出心裁，让访客通过外观就能够清晰地记住。

2. 景墙

景墙是入口景观的重要构成要素，其设置能够提升居住区入口的档次。

（1）根据形状，景墙可分为以下类型：

① 弧形景墙。弧形景墙的设计给人一种包围感，从弧形中形成的小空间能够留住人的步伐，使其更好地进行欣赏与交流。

② 长方形景墙。在入口广场中设计的长方形景墙，图形具有交错感，在活泼的空间中又带有严肃的感觉，搭配合理。

（2）根据与其他元素的组合形式，景墙可分为以下类型：

① 独立式景墙。这类景墙独立为一体，设计在入口广场中，通常为了避免单调感，会结合浮雕或镂空形式增加美感，其优点是干净明了，其缺点是呆板。

② 与植物搭配（见图3.20）。在景墙周边搭配植物，可削弱景墙建筑形式的棱角，产生柔和感。

③ 与水景搭配（见图3.21）。景墙前方设计跌水、静水或涌泉形式，可产生活泼感。

④ 综合搭配（见图3.22）。在景墙周边搭配植物与水景，使三者在景观空间中进行有序的搭配，既具有景墙本身的质感，又因植物绿化的柔和感加上水体的动感而产生优质的景观效果。

3. 景柱

景柱在入口空间中常常通过设计排列成序，可组合成自然的取景框，也可以用来分割相应空间。景柱的表现形式可采用小罗马柱、纪功柱、文化柱、图腾柱等，用来形成强烈的视觉冲击感。

图 3.20　景墙与植物搭配

图 3.21　景墙与水景搭配

图 3.22　综合搭配的景墙

4. 花钵、花池和树池

花钵在入口处通常以对称形式放置在大门左右两侧，通常在花钵上栽种时令花卉，居民在进入居住区时感受到鲜花的芳香。花池（见图3.23）与树池的边缘采用与座椅相结合的形式，既可观赏，又可为人们提供舒适的林下休息空间。

图3.23 入口花池

5. 围墙

围墙除了起到防卫、安全、隔离的作用，还能产生街道立面景观效果。围墙的设计表现多种多样，如砖墙、石墙、铁艺墙、玻璃墙、绿篱墙等。围墙的景观效果直接影响居住区入口的整体美感。

6. 雕塑

雕塑作为入口景观中常用的元素之一，在空间景观上常常起到画龙点睛的作用。雕塑能直接表达居住区的主体思想，通过其数量、位置、材料、色彩、尺度等成为人们视线的焦点。

（1）根据体量，雕塑可分为单个雕塑和群体雕塑。

（2）根据表现内容，雕塑可分为人物雕塑、动物雕塑、风景雕塑。

（3）根据材料的组成，雕塑可分为石雕、不锈钢雕、铜雕。

雕塑通常结合水体、植物、建筑来设计，让人产生亲切感而驻足欣赏。

7. 岗亭

【居住区大门岗亭赏析】

岗亭是建筑形式表现之一，其设计应与大门建筑风格一致。

（1）岗亭位于大门一侧。这种设计适用于较小的空间，能节约人力和财力，便于管理。

（2）岗亭位于入口处中间。这种设计能有效地管理进出车辆，但距人行道较远，管理相对松散。

（3）岗亭位于建筑两侧。这种设计适用于较大的空间，能有效地管理车辆和行人，但相对需要的保安人员数量较多。

8. 无障碍设计

居住区入口设计在竖向上最好避免落差，如需要入口处与城市景观相区分，或车行道与人行道的高差设计具有落差，做到人性化设计。设计无障碍设施，便于残障人士、老年人、婴儿车等的通行。

9. 置石

置石因具有体量大、辨识性强等特征，而通常会被置于入口处作为重要标识。但在置石设计上，应选择小于人视的山石，因为高于人视的山石容易使人产生心理上的压迫感。同时，应选择边角圆滑的置石，避免造成伤害。如果要选择棱角感强的置石，应在其周围设计过渡空间，如植物、砂石等，避免居民近距离的接触。

10. 铺装

居住区入口铺装是指广场、道路等地面铺装，在功能上需要满足车行与人行的通行需求，在装饰上需要满足色彩、图案、质感、纹理等要求。铺装是景观小品、植物、建筑的承载体，与空间共同组成景观的一部分。

【居住区铺装赏析】

铺装具有以下几种功能：

（1）统一空间。居住区入口虽然由众多要素构成，但若使用同一种铺装形式，或在铺装设计上做同一图案规划，则会形成协调统一的空间，将各个要素连成一体。

（2）划分空间。通过改变铺装的样式、大小、色彩、纹理、质感等，可划分出不同的空间，起到引导人流的导向作用。

（3）形成独立空间。将铺装图案进行样式、大小、色彩、纹理、质感处理，虽没有形成封闭式空间，但从图案效果来说，能够让人感觉到独立空间。

铺装承担着车行与人行功能，在选择上应考虑硬度高、承载能力强、面层粗糙的花岗岩。使用硬度高、承载能力强的铺装，既能长时间保证其景观效果，又不用做景观更新或翻修；使用面层粗糙的铺装，既能使车辆通过时减速，又能在雨天起到防滑的作用，安全系数高。

二、软质景观

软质景观相对于硬质景观而言，是指在景观构成中具有生命体元素（如植物、水体）的景观。

1. 植物

（1）植物在居住区入口处景观设计中的作用如下：

① 形成小气候，改善居住区入口环境。热岛效应使得城市空气质量下降，为了改善居住区内部景观气候，居住区入口的植物设计显得尤为重要。在居住区入口处种植一些能净化空气的植物，如银杏、玉兰、龟背竹等，不仅能吸收二氧化碳并释放出氧气，而且能增加湿气，控制局部温度。同时，在居住区入口处种植植物，还可以减少噪声对居住区内部的污染。

② 点缀入口处建筑小品，形成优美景观。如果居住区入口处只是硬质元素搭配的景观，时间一长会引起人们的审美疲劳，植物与大门、景墙、喷泉、花池、树池等的合理搭配，既能够解决钢筋混凝土带来的视觉和心理上的种种弊端，也能缓解人们疲惫的心情。

③ 遮挡劣质空间。在居住区入口处，往往存在不雅空间，可以通过植物垂直绿化进行遮掩，以形成美丽的景观效果。

（2）居住区入口植物可分为以下几类：

① 乔木。乔木的分枝点高，生长周期长，是形成景观框架的主要元素。乔木可分为大乔、中乔和小乔。大乔的选择应注重林冠线的搭配，如果想营造林下空间，达到遮风避雨的效果，可选择冠幅较宽的植物，如香樟、枫香；如果想在居住区入口处营造庄严的感官效果，可选择树干高大的乔木进行列植，如棕榈科植物。中乔在植物配景中可作为背景或划分空间使用，也

可用于点景。小乔可用于灌木、中乔、大乔或建筑的过渡空间，其常点缀在灌木丛中，如红枫、龙爪槐、刺葵等。

② 灌木。灌木是主干不明显、分枝点低、基部丛生的低矮植物。灌木具有封闭性、严实感，所以常用作空间的分割、围合或遮挡，如可考虑在墙基处种植灌木，遮挡住大面积的外立面墙。灌木低矮，在居住区入口常会用作花池、花坛的种植，一般根据叶子的颜色和质感设计成图案放于大门前或景墙前作为配景，这种图案式的灌木丛，会让人心情愉悦。

③ 藤本。藤本植物的树干无法独立生长，需要借助山石、建筑或其他植物的枝干进行攀爬。藤本的这一属性就确立了它适合进行垂直绿化。在居住区入口景观中，可多在垂直立面上使用藤本植物，如大门种植三角梅，使其沿着大门外形生长，待开花时节大门便犹如一座花门；如在围墙附近种植爬山虎或凌霄，可增加垂直绿化面。

④ 地被。地被是覆盖最广、最低矮的植物。在居住区设计中，除采用草地作为地被外，还可以选择沿阶草、麦冬等植物。例如，把沿阶草种在景墙的最边缘，沿阶草垂直向下的延展性可削弱建筑边缘化程度。

居住区入口处应合理地利用植物的高度、冠幅、季相变化，将乔木、灌木、藤本、地被进行合理的搭配，以形成入口处重要的景观节点（见图3.24）。

图 3.24 居住区入口的植物搭配

【居住区大门水景赏析】

2. 水体

人们自古以来就有亲水性，看到湖泊、河流、大海都会产生亲切感，所以把水体从大自然移到居住区中，往往会受到居民的欢迎。水体能够创造出丰富的空间，因为水具有流动性，含有生命体元素，把水体放到居住区空间中进行设计，通过水流大小的控制，能够使空间从"死寂沉沉"转变为"活泼跳动"。

根据流动速度，水体可分为静水与动水两类。

（1）静水。静水是指流动速度小、仿佛静止的水体。静水在居住区入口处的设计常以水槽的形式出现，会结合景墙或假山进行处理，设计在景墙 LOGO 或假山前；或以大面积水域的形式出现在大门前，这种设计会把大门倒影在水中，更显庄严。因为静水不流动，容易形成死水，会造成脏臭现象，所以在静水的设计中尽可能结合水生植物进行搭配，这样既能丰富空间效果，又能避免静水的弊端。

（2）动水。动水可分为以下几种：

① 跌水。跌水通过硬质做高差处理，使水流从高向低层层跌落，给人倾泻而下的印象。跌水一般单独或结合植物景墙置于入口广场中央或两侧。

② 涌泉。涌泉结合水槽涌出，常以数条形成列阵。

③ 壁泉。壁泉水流从墙体立面喷出，形成细长的水柱，营造跳跃感。壁泉一般单独或结合植物景墙置于入口广场中央或两侧。

④ 喷泉。喷泉从地下往地上涌出，与涌泉的区别就是水流强、水柱大。喷泉一般单独或结合植物景墙置于入口广场中央或两侧。

⑤ 旱喷。旱喷是隐形水体，水体的管口与地面平齐，不会对空间产生隔断与阻碍，水流速度和大小都很弱，易与人们（特别是小孩）产生互动。旱喷一般置于广场中央。

三、景观空间

景观空间控制居住区入口整体效果，决定着景观的空间感、距离感、落差感的大方向。景观空间可分为地形处理、广场处理、光影处理 3 个方向。

1. 地形处理

地形能够使景观产生自然的高低落差，形成丰富的竖向景观，对景观效果的处理往往会达到事半功倍的效果，因此深受设计师的青睐。但是在居住区入口设计中，由于要满足大量的人流与车流通行，美观性必须服从功能性，所以入口处理成平地则是最佳方案。但在不影响功能的前提下，可对地形进行适当的处理，如地形可结合绿化做高矮的坡度变化，使得竖向线条变得有活力，或抬高雕塑、水景等景观元素使竖向变化更为丰富。

2. 广场处理

广场处理是居住区入口景观的构成要素之一，前文已从形式、设计手法方面进行阐述，在此不再赘述。

3. 光影处理

光影虽然在空间中是无形的，但是通过它能影响景观的造型、刺激人们的感官。合理地利用光影，能塑造出宁静而又富有层次的景观，营造出休闲舒适的氛围。在光影的处理中，可分为自然光和人造光两种类型。

（1）自然光。对自然光的运用，一般通过太阳光照射位置的改变，结合景观元素营造出美观和谐的光影效果。

① 与植物相结合。植物有遮阳的作用，但遮阳效果并非严而不透的，人们通过树下空间仍能感受到光影斑斑的效果，既可乘凉又可欣赏阳光与植物的变幻之美。

② 与建筑相结合。光影与建筑的结合可分为立面和抬高平面两种形式，两者都是通过对建筑的镂空来进行处理，阳光照射在镂空图案上并映射到地面，能凸现大自然的美。

③ 与水景相结合。自然光的照射能让水在流动的过程中波光闪闪，体现出大自然的生动气息，也能给水体提升温度，使人与水的互动中感受到暖意。

④ 与景墙、雕塑等小品相结合。将小品置于居住区入口处广场中央，可以保证日照时间，能够通过小品的建筑体量创造出光影的变幻效果。

（2）人造光。人造光主要用于晚间照明使用，在满足安全通行的前提下，结合小品对各类型灯光设计颜色，烘托出居住区入口处的夜景效果。在灯光的选取与位置上，居住区入口的人造光通常有以下几种形式：

① 路灯。路灯一般置于居住区入口处与广场相连的位置，排列放置，用于引导居民回家并保证道路安全。

② 高杆灯。高杆灯放置在较大型入口处广场，在人流量大时使用，如在开展活动时使用。

③ 投射灯。投射灯用于投射植物或建筑小品，通常放在树径旁或建筑小品的边角处，搭配红、黄、蓝、绿等灯带，体现植物的行体和建筑的轮廓。

④ LED灯带。LED灯常在台阶或岸边使用，用于指引和明确地形的变化，或在大门、景墙外轮廓使用，以体现建筑的轮廓。

⑤ 地埋灯。地埋灯埋设于地下并与地面平行，用于地面的装饰，同时起到指引方向的作用。

⑥ 水下灯。水下灯配合颜色使用于水下，展示水涌出时的形状。

居住区入口灯光应按照具体位置合理地分布，按照亮度合理地调控，在保证安全照明的前提下，营造入口温馨的景观效果（见图3.25）。

图3.25 居住区入口的灯光组合

四、智能设备

1. 安全防御设备

安全防御设备是对居住区居民安全进行保护的措施之一，而居住区入口则是这些设备安放的重要之地。

（1）监视系统。监视系统应置于大门处，以便从入口观察和辨识居民，提高居住区安保效率。

（2）闸道（见图3.26）。闸道控制车辆、人的通行，结合大门设计结构安放。

（3）一卡通。一卡通可控制闸道的起落，便于快速识别居民，以便其快速通行。

2. 快递存放

关于快递存放，可参见第一节"服务功能"相关内容介绍。快递柜的安放位置要满足以下3个条件：

（1）应在大门不远处，方便居民取件。

（2）尽量安放在人流量较少处，避免阻挡入口要塞。

（3）尽量安放在相对隐蔽处，避免影响大门主景观。

图 3.26　居住区入口闸道

第五节　居住区入口景观设计

一、现存问题

1. 不能体现地方性

居住区景观设计应坚持地域性和乡土原则，体现当地的自然环境特色。有些居住区入口从外地移植名贵树种，往往导致景观效果持续时间短，后期维护成本高，浪费了人力和物力。

2. 忽视人性化设计

在很多居住区建设中，开发商为了打造形象，过度地在居住区入口的材料和形式上花费人力和物力，而忽视了人性化设计，与现实情况脱节。尤其是在房地产行业迅速扩张时期，出现了盲目跟风、崇洋媚外的设计风潮，无论是建筑还是景观都采用奢华的欧式风格。例如，在入口空间表现上讲究排场，设计一些罗马柱作为景观，不仅与入口处景观的风格不搭，而且使居民出行受到了阻碍，并影响车辆通行；又如，在入口处大面积地使用水景，造成居民使用空间狭小，同时因在水底的处理上使用硬性池底导致日常管理和维护麻烦，而且会造成空间荒废，形成二次污染。

3. 未考虑周边环境

有的居住区入口在设计上没有实地考察，最后建造出来后的景观与周边环境脱节，导致内外景观风格不一致或与周边形象不协调。有的居住区则未进行周边调研，因入口处的位置选择不合适而造成城市交通拥堵。这些都是对周边环境缺乏考虑的表现。

二、设计方法

为避免居住区入口景观出现不合理的现象，居住区入口景观设计应遵循以下原则。

1. 人性化设计为本

居住区入口的使用者是"人"，在不违背自然环境的前提下，一切设计都应以人为本，从人的角度出发。

（1）尺寸合理。居住区入口的所有设计都应符合人体工程学。因为居住区入口是居民每天必经之路，若尺寸设计不合理，则会影响使用效果，甚至会造成安全隐患。例如，大门宽度需同时满足2个人通行，太窄会让人与人身体之间产生摩擦或碰撞，容易引起不必要的争论。

（2）满足视觉需求。居住区的住户通常会长时间地使用入口空间，如果入口处景观一成不变，会导致人的审美疲劳。从这个角度来说，设计时要注意以下2个方面：

① 景色的变化。在设计上应多采用季节性开花植物，保证春、夏、秋、冬都有植物开花、结果，人们的心情也会跟着四季的景象变化而变化。

② 视野的构成。在组织立体空间时，高度应避免恰好在视线的位置上，如1.4~1.8m的范畴，这个范畴恰好在视线的平行处，会让人们产生不适心理。

2. 功能性设计优先

居住区入口设计应优先满足其基本功能，再进行美化处理，若过多地强调美观而忽略其功能性，则会失去入口处本身存在的意义。美观只是服从于居住区入口功能性的辅助元素，而不是优先应考虑的。

3. 风格协调统一

居住区入口处不是独立存在的，应与周边环境协调统一，设计时要注意以下2个方面：

（1）规划的整体协调。居住区入口在严格遵循用地限制条件和设计规划的前提条件下，要从整个居住区总体规划的角度出发，要从交通、经济、景观的因素考虑，也要从全面的、整体的角度考虑，更要结合城市的设计要求和特征来设计。

（2）立面的整体性。立面的造型和样式决定了居住区入口的形象，一方面成为入口处特有的形象，另一方面也组成了街道立面而成为城市形象的一部分。在立面设计上，应注意与街道建筑风格相结合，在色彩、材料、体量上都要与街道立面相协调，也应与城市相结合进而形成相互联系的整体。

4. 经济适用设计理念

经济适用的设计理念是指在满足入口基本功能的前提下，以最少的经济投入打造出最适合居住区的舒适优雅、清新自然的入口景观效果。在设计初期，应根据本居住区的定位来对入口进行设计，选择经济的造型、材料及植物，不要一味地追求大气、奢华来彰显居住区的档次，而忽略居住区的内部景观。

5. 尊重地方文化特色

居住区文化是城市景观的重要组成部分，需要遵循地方的文化特色，而不是独树一帜。居住区入口是居住区的第一门户，需要与城市、地区文化相结合，在设计中挖掘当地文化特色并将这些文化元素应用到景观设计中，来体现居住区的人文性、时代性、地域性，以满足居民的精神文明需求。

6. 坚持可持续发展

居住区入口设计还应坚持可持续发展的原则，选择可循环利用的材料或选择一些废弃物作为景观小品，如利用废旧轮胎进行花卉种植，采用雨水收集、垂直绿化等新概念为入口处设计可持续发展的景观。

7. 公平开放设计目标

居住区入口是一个开放性空间，应欢迎不同年龄层次、不同职业、不同爱好、不同文化的人参与互动。在设计时，应充分考虑各类人群的需求，听取并尊重他们的意见，让居住区入口处景观真正体现合理性、人性化、包容性。

作　　业

设计一个居住区入口景观，要求呈对称式、人车分流，合理搭配花卉、置石、水景等景观要素，风格自定。

第四章 居住区道路及铺装设计

学习目标：

(1) 了解居住区道路规划等级划分。
(2) 了解停车场的规划方式及停车类型。
(3) 了解铺装材料。
(4) 能合理规划出居住区道路的分级。
(5) 能合理选择铺装材料和设计图案。

本章要点：

(1) 道路布局设计。
(2) 道路断面设计。
(3) 铺装纹样设计。

本章引言

居住区道路设计是直接影响居民生活的设计之一，居民每天上下班、出门娱乐、吃饭及晚上归来，都需要通行道路。合理的居住区道路设计，能有效地分流，避免拥堵，也能将居民合流，促进邻里之间的关系。

第一节　居住区道路规划设计

一、居住区道路规划概述

随着我国经济的发展，居民生活水平和生活方式发生了翻天覆地的变化，汽车保有量不断增加，对居住区道路的规划设计也不断地提出新的要求。

居住区道路规划是城市规划的重要组成部分，以解决居民出行、车辆出行及人与车之间的协调关系。随着各种多功能居住区、大型居住区的不断出现，居住区道路规划对于车辆的路线设计、数量设计、车速设计显得尤为重要。在居住区道路规划中，应从多个角度分析和完善规划设计，合理地安排各关系之间的流程与事项，以形成最优的出行方式。

二、居住区道路规划的功能需求

居住区道路连接并贯穿整个居住区的重要节点部位，是城市道路交通的再延续。居住区道路规划应满足以下几个功能需求。

1. 满足居民日常通行需求

居民是居住区生活的主体，居住区的道路规划首先应满足居民日常的通行需求，为居民生活提供便捷的出行方式。

（1）步行道。步行是居民最常见的出行方式，在居住区道路规划中少不了对步行道的设计。一般根据居住区道路规划的级别分别设计步行道的宽度与铺装样式，以满足不同的步行需求。同时，在步行道的设计中，应考虑特殊人群（如老人、儿童、孕妇和残障人士）的需求，应为这类特殊人群设立专属步行道。

（2）车行道。作为居民现代化的出行方式，车可分为汽车、电动车、自行车3种形式。一般根据居住区级别的大小和道路等级分别设置车行道路的宽度，若有必要，可区分这3种不同的车行道。

2. 满足救援车辆通行需求

救援车辆通常有消防车、救护车等。消防车长度约10m，宽度约2.5m，高度约4m，因其尺寸的特殊性，在居住区道路设计中应满足消防车的通行需求。满足了消防车的通行需求即满足了救护车的通行需求，相关技术要求如下：

（1）消防车道的净宽和净高都应大于等于4m。
（2）消防车道距高层建筑的距离应大于5m且小于10m。
（3）居住区道路的转弯半径应不小于6m，消防车才能在转弯处正常通行。
（4）在消防车道中，应设有消防水池或天然水源。
（5）若建筑中有天井或四合院形式，当其中最短的边超过24m时，应为其设计进入院内的消防通道。
（6）若高层建筑的道路形式为尽头式，应为消防车道设计不小于15m×15m的回车场。若要满足大型消防车辆的回车，回车场的尺寸应不小于18m×18m。

3. 满足市政公用车辆通行需求

市政公用车辆通常有垃圾车、园林绿化车、道路清扫车等。在园林道路的设计中，应分别考虑上述车辆通行路线、停放位置需求。

（1）对于垃圾车通行的设计。对于垃圾车这类带有特殊气味的车辆，首先应对垃圾池的安放位置进行考虑，设计在居住区的下风口，并且靠近次出入口，避免垃圾车穿梭整个居住区。若垃圾池离出入口较远，可考虑另设一个出入口仅供这类车辆通行，尽可能地减少出入口与垃圾池的道路距离。

（2）对园林绿化车、道路清扫车等通行的设计。这类车辆通常会出现在居住区面积较大与人口较多的场所，为了保障这类车辆作业时的便捷性及通达性，居住区内的道路设计应作为主要交通，保证主干道的清洁及绿化，在一些园区小径可配合人工清理。

三、居住区道路规划设计原则

1."以人为本"的规划理念

在居住区道路规划中，人是居住区道路的主要体验对象，要秉承以人为核心、以人为道路规划的出发点去研究道路网格的组成。因此，要充分地将居住区周边情况与人的行为特点相结合，不能因过分地满足车行与停车要求而忽略人的需求。

2."安全优先"的规划理念

居住区道路是居民与外界联系的桥梁，在通往桥梁的过程中，如何让居民安全的"出"与"归"是居民所关心的问题。正确地选择居住区道路的出入口，合理地做好居住区道路系统分级，完善人车分流机制，这些道路规划都是对安全的保障。

3."尊重自然、因地制宜"的规划理念

人类应与自然和谐相处，人类所涉及的行为活动也不例外。居住区道路在规划之前，应对场地进行实地考察，尊重场地原有的地形地貌，尽可能按照场地的现状因地制宜地规划道路。若在道路规划过程中需改动原地形，应选择最小的破坏方式进行规划，切忌大面积地改动地形，这既是对自然现状的破坏，也会增加建造成本；同时，还应结合风向、日照等因素合理设计路网。

4."以不影响城市交通为前提"的规划理念

居住区道路规划虽然是为居住区居民服务的，但应做到以城市交通为母体，以不影响城市交通为前提进行规划。要考虑到出入口的位置是否在城市主干道上，或出入口的位置是否在十字路口附近，因为这些都会对城市交通造成拥堵。

四、居住区道路规划分级设计

居住区道路的分级会根据诸多因素来设定，如使用居住区道路的人群数量、贯穿居住区的交通方式及交通工具、市政管线辐射能力等，都影响居住区道路等级的划分标准。根据居住区道路的宽度大小，居住区道路一般可分为居住区级道路、小区级道路、组团级道路、宅间小道4个等级。对每个等级进行准确划分，能够有效地节约空间，并且能够缓解交通压力，起到疏导作用。

1. 居住区级道路

居住区级道路（见图4.1）在居住区道路的4个等级中宽度最广，长度最长。它承担着城市支路或次干道的功能，是居住区与外界城市道路相连接的媒介，也是整个居住区道路系统的主干道。进行居住区级道路设计时，应联系整个居住区进行思考，考虑到日常通行及消防车、公交车、救护车、生产车辆等的通行。居住区级道路宽度应同时满足机动车道、非机动车道、人行道、绿化带和一些市政设施的铺设的要求，合理设计各车道尺度，其道路的红线宽度一般为20~30m，车行道一般为7~9m；机动车与非机动车在一般情况下为混行，必要时设双

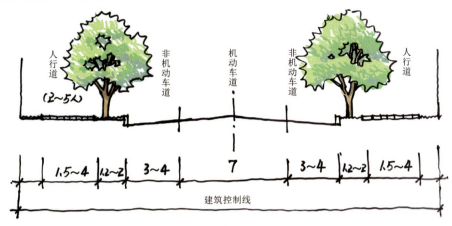

图 4.1 居住区级道路

向车道并用绿化带隔离机动车与非机动车；若要考虑公交车的通行，则应在原基础上再增设 10～14m，人行道的宽度一般在 2～4m。

2. 小区级道路

小区级道路（见图 4.2）是相对居住区道路而言的，小区级道路通常不会将公交车引入其中，其需要考虑的主要是居住内必要的车辆通行及消防需求，同时兼顾人行交通与非机动车的协调，通常采取人车混行的方式。小区级道路红线宽在 10～14m，车行道在 7～9m，人行道宽度在 1.5～2.5m。

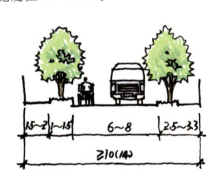 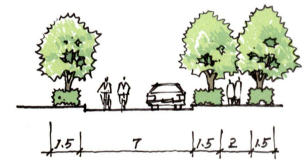

图 4.2 小区级道路

3. 组团级道路

组团级道路（见图 4.3）是从居住区级道路分离出来，并通向宅间小路的居住区次要道路，起着承上启下的作用。组团级道路领域性较强，在路口处应设立明显的标志以供识别。组团级道路的宽度控制在 4～6m，是一条同时满足人行和非机动车的人车混行道路，不需要设置独立的人行道；其采暖区与建筑的控制线宽度在 10m，非采暖区与建筑的控制线宽度在 8m。

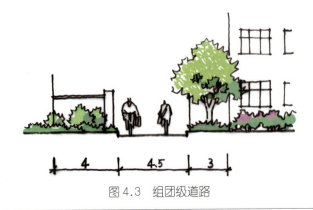

图 4.3 组团级道路

组团级道路与小区级道路之间的关系：

（1）串联式。组团级道路设立于小区级道路之上，也就是说，小区级道路穿过组团绿地。

（2）并联式。组团级道路各自独立，小区级道路不穿过组团绿地，而是在每一个组团级道路的出入口相连接并形成单一系统的道路。

串联式与并联式各有利弊。当居住区人群足够热闹，需要把各个单位或各个分区独立开来，则使用并联式比较恰当，各个组团绿地能够有序地进行活动而不受干扰；当小区地广人稀，每个组团绿地的活动人群形成不了气候时，可采取串联式的道路形式，能够将各个组团绿地结合起来，提升人气。

4. 宅间小路

宅间小路（见图4.4）作为居住区道路等级中最末一级，对于道路宽度的要求一般设定在2.5~3m，主要满足居民的日常人行交通，同时满足临时车辆的通行，如非机动车辆、救护车、消防车、搬运车、清理垃圾车等的通行。

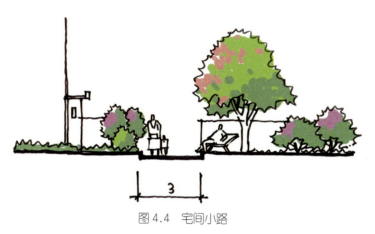

图4.4　宅间小路

第二节　机动车停车场设计

一、相关概念

1. 居住区停车场

居住区停车场是指专门为居住区居民的交通工具所设立的停车位置，包括居住区附属人员的停车位置，并非对外公共使用场地。为了有效地利用停车位，经常用时差法将两个类型的停车位置混合使用，以提高使用效率。

2. 停车率

停车率是指居住区居民停车位的数量除以所有的居住户数量的比率。

3. 地面停车率

地面停车率是指居住区地面上的车位数量除以所有的居住户数量的比率。

4. 车户比

车户比是指每户拥有的车位数（车位/户）。

5. 静态交通

静态交通是指机动车在停放时处于静态。机动车无论是行驶还是静态，都会占用居住区的一定空间。

二、机动车停车场现存问题

1. 停车位规划不足

随着我国经济的增长,人均汽车拥有量在快速增长,3年以上新建居住区停车位出现了近饱和的状态,8年以上的居住区停车位出现了紧张的状态,而在老小区则出现了随意停放、占用活动用地的现象。根据每个城市的发展状态、每个小区的档次定位,居住区应合理地设计停车场配建指标,要着眼于未来,从根本上解决停车供需矛盾,来解决居住区停车问题。

2. 用地矛盾突出

随着我国城镇化发展,城市用地可谓寸土寸金。尤其在居住区中,停车用地与居民活动用地的矛盾突出,若停车用地供给不足,则会牺牲操场、球场、健身场地、广场等并将其作为临时停车点。如何在保证居民活动用地的前提下满足机动车停车的需求,是现代居住区停车场规划的重点。

3. 停车场管理机制差

居民一般都有"图己方便"的思想,喜欢在地上找停车位,因为在地上停车能随停随走,也方便进出家门。而地下车库往往收费很高且停车场管理机制差,进一步推动了居民愿意地上停车的趋势。

三、机动车停车场规划方式

居住区停车场规划应根据各居住区地形来进行合理设计,尽量遵循经济、便捷、安全的规划原则,在做到在汽车噪声、尾气不干扰居民正常生活的前提下减少居民下车后步行的时间。

1. 分散式规划

分散式规划是指根据居住区规模或组团形式布置多个停车场,缩短停车场与周边服务设施的距离,以方便居民的使用。分散式停车场一般设置在组团的出入口,既方便居民进入组团空间,又不会打扰组团内部的安宁。

2. 集中式规划

集中式规划是指将停车场统一规划到一个场所,一般选择在居住区的服务中心地带,以方便所有居民的使用。集中式规划可以是地上或地下停车场,也可以是单层或多层停车场。这样的规划方式方便对车辆进行统一管理,同时限制了外来车辆的进入。

3. 分散式与集中式相结合规划

居住区停车场的规划采用分散式与集中式相结合的方式居多,能灵活地根据居住区场地空间进行规划设计。例如,将集中式规划作为居民的主要停车点,而将分散式规划作为访客、工作人员的临时停车场所。

四、机动车停车类型

1. 路面停车

路面停车是指机动车停放在居住区道路面上,在不影响居民正常生活的前提下利用居住区空地作为机动车的停放场所。

(1)线状停车(见图4.5)。通常会选择较为宽敞的道路一侧作为统一的车辆停放场所,这是单向停车;如果道路足够宽敞,也会在道路两侧采取双向停车的方式。但无论是单向还是双向停车,都会对居住区绿化环境产生破坏。

(2)块状停车。在居住区选择一处或多处空地作为停车场,将车辆统一停放在一起。

（3）底层架空停车。在居住区一层以架空的方式作为路面停车场。一层架空能促进空气的流通，并且防潮防湿，这样的停车方式不会占用道路空间，同时方便居民的出行。但正是因为停车场就在居住区楼下，居民生活必然会受到尾气和噪声污染。

（4）点状停车。在停车位较为紧张的小区，还会采取"见缝插针"的停车方式，常见的会选择在人行道上、两棵树之间或消防车道上。但是，这种杂乱无章的停车方式严重影响了居民的正常生活和出行。

2. 地下停车

（1）半地下停车。停车场一半空间在居住区道路之上，一半在地下，这样的停车类型称为半地下停车。半地下停车相对于全地下停车而言，具有良好的采光及通风条件，还能增加绿化面积。

（2）全地下停车。机动车通过坡道完全进入地下并在地下停放，这样的停车方式称为全地下停车（见图4.6）。全地下停车既方便车辆进出管理，也方便居民直接入户，在满足了大量停车需求的同时又增加了居民的活动场地，是近年来居住区经常采用的停车方式。全地下停车场造价高、施工周期长，对通风、照明、抗风、抗震等方面有着很高的要求。

图4.5　线状停车

图4.6　全地下停车

【立体停车库】

3. 立体停车

立体停车又称为机械式停车，是一种全自动化的停车方式。它通过车辆在立面空间上的叠放，能在相同面积土地上停放更多的车辆，可以节约用地面积。同时，因为机械化操作，居民只需要将车辆停放在指定位置上，通过电脑操控即可将车辆移至上层空间，无须花费更多的时间找车位。立体停车的方式因造价高还未被广泛采纳，但它占地少、容量大、耗时短、便于管理的优点是居住区未来发展的趋势，许多停车位紧张的居住区逐渐选用这种方式。

五、机动车停车样式及标准

1."一"字形停车位样式及标准

"一"字形停车位标准规划为长6m，宽2.4m。

2. 直车位样式及标准

直车位标准规划为长5.3m，宽2.5m，但很多直车位为了节约空间，一般大于5m即可。

3. 斜车位样式及标准

斜车位标准规划的角度为60°，宽2.8m，斜长6m。

第三节　居住区道路设计

一、居住区道路行为活动分析

1. 正常行为人活动分析

人是居住区的主要使用者，也是道路的主要体验者之一。人在居住区中有以下行为活动特征：

（1）使用目的不同。有的人使用目的强，如上班、聚会、上学、购物等，他们在居住区道路中是快速通行的；有的人以散步、休闲、健身为主，他们使用道路则具有无目的性。

（2）占地面积小。人在站立时占地面积约 $0.5m^2$，人在行走时占地面积约 $1m^2$。

（3）行驶速度慢。人在散步时平均每小时行走 $1.5 \sim 1.8km$，在正常步行时平均每小时行走 $4.5 \sim 6km$。

（4）活动范围广。人在居住区的活动范围广，除了居住区道路以外，还可以在多种活动场所穿梭。

（5）容易产生疲倦感。500m 以内是人能接受的距离范围，若距离过长，他们就会产生走捷径抄小道的心态，如通过践踏草坪、翻越护栏等方式缩短到达目的地距离。

2. 汽车行为活动分析

（1）司机的目的性强，都有一个共同的心理：不希望堵车，希望快速地通往目的地。

（2）相对于人而言，汽车占地面积大。按照停车位面积来计算，一辆车占地面积至少为 $2.5m \times 5m$（即 $12.5m^2$）。

（3）相对于人而言，汽车在居住区中行驶速度快。虽然居住区等级存在不同，但限速都在每小时 $5 \sim 20km$，实际上绝大多数汽车在通行时无法实现每小时 5km。

（4）相对于人而言，汽车在居住区道路的使用范围狭隘，只能是车行道与停车场，无法在活动广场、健身区、儿童区、游园路通行。

3. 老年人行为活动分析

在居住区中，老年人是使用时间段最多、使用时间最长的群体。这类群体在居住区中表现为散步、晨练、下棋、聚会等休闲类活动，使用着居住区大部分的场所与设施。但老年人具有生理机能逐渐衰退、行为活动缓慢的特征，这些特征会导致其在使用道路时危险系数增加，如视力、听力的减退，容易看不清汽车的距离而做出错误的判断；如因判断错误或反应迟钝，当看到汽车面对自己驶来时，不能第一时间做出反应或做出错误的反应；如老年人常穿颜色较深的衣服，不便于被司机看清，特别是在夜间光线昏暗的情况下极不容易被辨识。这些因素都会给道路的设计及司机的驾驶增加难度。

4. 儿童行为活动分析

儿童与老年人的行为活动正好相反，他们对道路的认知能力不足。大多数儿童都认为道路是可以玩耍的地方，特别是居住区内的道路车流量相对较少，更是其喜欢玩耍之地。儿童本身在身高上就低于成人，在玩耍时可能蹲着、弓着背，这又降低了他们原有的身高，容易造成驾驶时的盲区。同时，年龄越小的儿童，在过马路时进行观察的意识就越差，往往是不假思索地冲过去，这需要司机具备很强的应急反应能力。

5. 障碍人士行为活动分析

障碍人士是指行为活动不便，需要用到轮椅才能在道路中正常行动的人。轮椅占地面积相当于人坐下来所使用的面积，若加上推轮椅的人，则占地面积约为 $2m^2$。轮椅靠轮子滚动来使用的，当道路中出现台阶则无法通行，可设置缓坡。缓坡两侧应按照人坐着使用轮椅的高度来设置扶手，以便于在上下坡时进行操控。

6. 非机动车行为活动分析

在居住区道路中，非机动车主要包括居民日常所用的自行车、电动车这两大类。与机动车相比较，非机动车具有以下行为活动特征：

（1）都是居民短距离出行的代步工具。

（2）行驶时整个视野是裸露在外的，视线清晰且范围广。

（3）行驶灵活，可随意掉头或转弯。

（4）行驶速度在 5～30km/h。

非机动车不会对居民造成过大的伤害，但在居住区道路中，非机动车随意掉头、不减速的驾驶习惯容易与机动车发生碰撞。

二、居住区道路设计经典模式分析

1. 美国雷德朋体系

雷德朋体系是最早提出人车分流并成功应用的案例。

背景一：

19世纪中期，美国大部分地区都使用栅格式道路布局方式。这一布局方式几乎成为当时所有城镇道路布局的标准，因为它易于测量土地、简单快捷地划分土地的方式迎合了当时铁路系统扩张的特性。

背景二：

1907年，亨利·福特发明了T型汽车，促使美国汽车保有量在30年内迅速发展到2300万辆。而在1900年，美国的汽车保有量仅仅只有8000辆。在这种情况下，美国人开始逐渐接纳汽车成为家庭的必需品。

体系生成：

栅格式道路布局没有明确的道路等级分化，所有的交通道路都穿过居民的生活区，给居民带来了噪声污染、空气污染和生活的不便利，越来越不能解决汽车日益增长所带来的问题。雷德朋体系就是在这样的一个环境中诞生的。

具体方案：

对道路进行详细的等级区分，为汽车设立专门的行驶通道，为居民设立专门的步行道，将邻里之间服务性商区以道路的形式联系起来，汽车不允许通行。这样的设计方案比原有的道路网格占用更少的用地面积，居民不必穿越车道就能享受到便利，同时居住区内也减少了嘈杂的喇叭声，将安全、宁静、和谐的邻里气氛重新赋予社区。

争议：

雷德朋体系的设立为汽车设立了专门的车行道，从而提高了汽车的行驶速度，被认为是"汽车优先"的理念。

2. 荷兰温奈尔福体系

温奈尔福体系是一种主张"人车混行"的道路布局方式。

背景：

温奈尔福体系源自一名居住区车祸受害者主动发起的道路改造运动，旨在协调人车之间的矛盾，为居住区创造更为安全的生活模式。

具体方案：

采取限制车流量及车速的方法来管理通过居住区的车辆。

争议：

在早期的温奈尔福体系中，不允许车辆的停靠，不允许种植植物，甚至消防车道也无法通行，被认为是过分的"居民优先"。

3. 荷兰生活花园体系

1972年，荷兰德尔福特市居民在家门口至少离街道0.6m处铺上地砖，并摆放花台作为分界，以此降低车辆通过自家门口时的速度，保证家人出行安全。随后，居民要求政府设立"限制车辆通行车速"相关立法来保证居民更多的生活权益，如高峰时车的通行辆不超过500辆/小时，速度控制在11～19km/h。这样的居住区被称为"生活花园"，居民采取了以下措施：

（1）将不同颜色、不同图案绘制在道路上，不仅能使生活更富趣味，而且能提醒司机注意车速。

（2）在道路交叉口设置减速带或醒目的标示牌。

（3）通过缩小车行道的宽度或将道路曲线化，迫使司机缓慢通行。

（4）道路边缘和中间种植植物，划分隔离带。

4. 德国交通安宁体系

德国的交通安宁体系实际上是从荷兰生活花园体系衍生并完善而来的。它经过多次实验进一步规范了交通量与车速的合理数据，在不限制居民交通的前提下，规定可通行的最低交通量；同时，进一步改善道路布局并再次降低车速。交通安宁体系是一次人车混行体系的质的飞跃，它通过增加减速带、抬高路面、安全岛、路牙外扩、交通化信息标志提示等多种设计手段来达到为居民减少噪声、增加活动空间安全性的目的。这不仅对事故多发地段或危险地段进行改善，而且对整个居住区进行道路整体化设计，可为所有居民建设良好的交通环境。

5. 日本"人车共存"体系

在1980年之前，日本居住区的道路只是双向的车行道，没有专门的人行道，车在居住区中行驶的速度非常快，大多数车速都会超过30km/h。日本采用了生活花园体系和交通安宁体系，通过限速和限流来保证居民的出行安全。日本"人车共存"体系的最大特征是采用3m宽的齿状道路形态，在狭小且弯度较大的路面，迫使机动车不得不降低车速蛇形行驶。

三、按空间概念对居住区道路布局进行设计

1. 环通式道路

环通式道路内所有大小的网格都能形成环路相通，路网相对较为灵活，通过一个或多个出口与外部相联系。这类道路具有建设费用低、交通便捷、路线短等优势，较为适合居住区道路，如图4.7所示。

2. 半环式道路

半环式道路适用于人车分流的设计理念，将机动车组织在外部交通上，内部交通以半环的形式与外部交通相联系，半环与半环没有直接联系，且互不相通。这类道路设计适用于人流较大的场所，如图4.8所示。

3. 近端式道路

近端式道路类似于死胡同，通往居住区次级道路另一段不与外部道路相联系，只能原路返回。这类型道路应在道路尽头做好回车设计，避免出现倒车困难的现象，如图4.9所示。

4. 内环式道路

内环式道路对场地的要求较高，适合在地形条件好的居住区应用。内环式道路外部多围绕

建筑物布置，内部再次形成一个环形，通过数条支路将内外环联系起来，形成互通的一种形式，如图 4.10 所示。

5. 风车式道路

风车式道路与内环式道路相似，也是形成外环与内环布局方式，但风车式道路是以内环道路的延长线与外环道路相通，而内环式道路是独立生成一条支路与外环相接，如图 4.11 所示。

6. 混合式道路

混合式道路是根据地形结合以上 5 种形式灵活布置的道路布局方式，因此它具有各种形式的优点，适用于不同的地形条件，能减少土石方工程量与道路用地，大多数居住区采取这类道路布置方式，如图 4.12 所示。

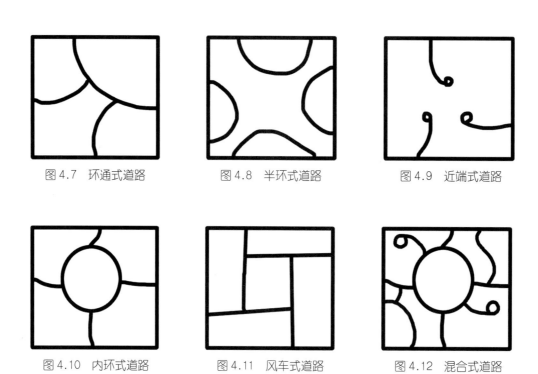

图 4.7　环通式道路　　　　图 4.8　半环式道路　　　　图 4.9　近端式道路

图 4.10　内环式道路　　　　图 4.11　风车式道路　　　　图 4.12　混合式道路

四、居住区道路纵横面设计

1. 纵断面设计

（1）在居住区道路纵断面中，最大坡度应控制在 8% 以内，长度控制在 80m 以内，最小坡度控制在 0.3% 以内。

（2）当道路纵坡度和坡长都超过限制时，应设置小于 3% 的缓坡段作为缓冲，其长度不宜小于 80m。

（3）为避免锯齿形纵坡面，相邻坡路的坡差不宜过大。

（4）道路的边坡点距离应大于 50m，以保证提供良好的道路行驶条件。

2. 横断面设计

（1）一板块。一板块是小场地中应用最广泛的横断面道路设计，路幅宽度一般不大，双向交通能灵活地处理繁忙路段。一板块适用于人口多但车流量不大的地段，是机动车、非机动车混行的典型形式，如图 4.13 所示。

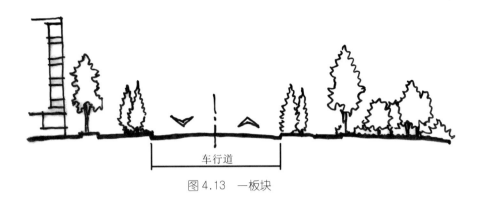

图 4.13 一板块

（2）二板块。二板块通过绿化带将车分为双向车流，适用于车流量较大的路段，车的双向分行能提高车速。二板块不区分机动车与非机动车，因此对于非机动车来说存在一定的危险性，适用于非机动车较少的路段，如图 4.14 所示。

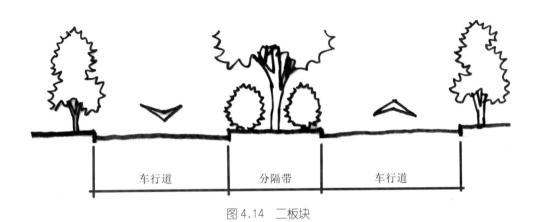

图 4.14 二板块

（3）三板块。三板块对机动车车辆方向不分行，通过绿化带的形式将非机动车辆左右两侧双向进行分流，能相对保证非机动车的行车安全。三板块适用于交通流量大、速度要求高的路段，如图 4.15 所示。

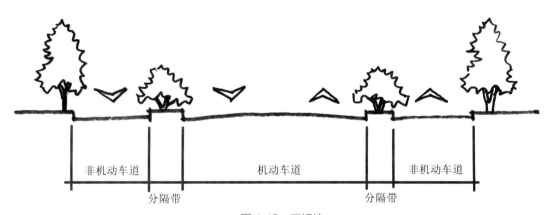

图 4.15 三板块

（4）四板块。在三板块的基础上，四板块增加一条绿化带将机动车道进行双向分流，是较为完整的道路板块，在进一步加快机动车行驶速度的同时保证了非机动车的安全。四板块对道路的横断面长度要求最高，常见于居住区级道路，如图 4.16 所示。

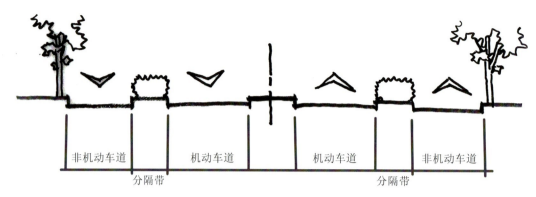

图 4.16 四板块

五、居住区管线规划设计

居住区管线规划应以平面布置图为基础,以总平面道路设计图与实际场地布置图为原本,结合道路的竖向设计并配合植物布置图加以考虑,最终达到管线与管线、管线与建筑物在平面、竖向上的相互协调。

在居住区管线布置的时候,应遵循浅管线让深管线、小管线让大管线、有压让无压、远期让近期等原则,做到经济技术合理、管线线路短捷、施工操作可行等。管线布置顺序按照道路至建筑方向依次为:照明杆柱→雨水管道→污水管道→给水管道→煤气管道→热力管道→电力管道→电信管道。

第四节 居住区铺装设计

一、居住区铺装材料介绍

随着城市化的发展,居住区铺装材料已经不局限于混凝土了,呈现出多样化的形式。铺装形式从单一逐步转向更高的质量要求,铺装组合而成的景观空间也趋于细致化。丰富多彩的铺装样式、色彩、质感、形状各不相同,构成了各具特色的"铺装景观"。在铺装材料的选择上,设计师应结合居住区各空间、各道路的功能不同而设计出与之相适应、相协调的铺装。

1. 石材

石材因其耐磨性和耐腐蚀性强,并且具有一定的抗压强度,所以非常适合景观铺地使用。尤其是价格低廉、产量大的石材,使用更为广泛。石材可分为以下几种形式:

(1)花岗岩(见图 4.17)。花岗岩在所有石材中质地最优,较坚硬,自然的酸、碱、风化、腐蚀对其作用力小,能够保持百年以上的光泽度。花岗岩以芝麻黑、芝麻灰、芝麻白 3 种颜色居多,有纯色也有彩色斑点,在园林景观中适合大面积铺地使用。

图 4.17 花岗岩

（2）大理石（见图4.18）。相对于花岗岩而言，大理石在硬度上稍软，因其容易被自然溶蚀与风化，表面在室外易失去光泽，所以通常应用在室内居多。在室外应用大理石时，应在质地上进行严格挑选。

（3）砂岩（见图4.19）。砂岩是一种沉积岩，虽然其质地软，但正是由于这个特性，使其较为容易被雕琢出设计师所需要的图案。砂岩具有不易融化、不易风化、不长青苔、易打理等优点，加上表面为暖色调，通常给人带来温馨而华贵的感受，因此常在景观园林中铺装应用。

图4.18　大理石

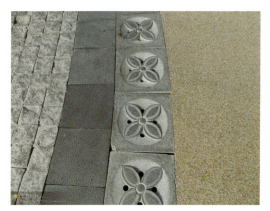

图4.19　砂岩

2. 砖石

砖石（见图4.20）相对于花岗岩来说，对车辆的承载能力稍弱，因此不适合应用在机动车道上。砖石表面纹理色彩颇为丰富，可加工为粗糙面或光滑面，耐塑性较强，在园林景观的应用中搭配植物与小品，往往能创造出不错的景观意境。常见的砖石种类有烧结砖、荷兰砖、广场砖、透水砖、植草砖、青砖等。石材是引起热岛效应的原因之一，而烧结砖却能够很好地解决透水效果，因此常受到设计师的青睐。

【砖石铺装案例】

图4.20　砖石

3. 砾石

砾石是一种天然粒料，长度在2～256mm，是风化岩石被雨水侵蚀后，经过河水的长期冲刷而形成的。砾石根据长度的不同可分为4种级别：细砾石（2～8mm）、中砾石（8～64mm）、粗砾石（64～128mm）、巨砾石（大于128mm）。

砾石与碎石的对比：碎石有棱角，而砾石则被水冲刷得光滑透亮，色泽美丽。但正是因为常年的雨水冲刷，致使砾石的硬度没有碎石好，从而不能做建筑上强度高的底料；也正是因为砾石的外表光滑，对水泥砂浆的黏合性没有碎石好，且稳定性差，所以很多建筑工程中只能用碎石而不能用砾石。

砾石与卵石的对比：砾石是卵石的一种，所以与卵石有很多共同特点，如被雨水冲刷致使表面光滑、与水泥的黏合性差、硬度不强等。砾石可以有一面是粗糙面；而卵石更为光滑，且无粗糙面。

砾石在居住区景观中的用途：

（1）作为道路的主要面层（见图4.21）。道路的铺装形式多样化，其中使用砾石作为主要面层可以营造良好的景观效果。使用砾石作为道路的主要面层，通常用于园林小径、支路等人行道路，非机动车与机动车在不必要的情况下不能在上面通行使用。将砾石散铺在道路地段，要注意尽量控制道路的坡度，以防雨水冲刷堆积在坡下，而影响景观美；还要注意把排水箅子的缝隙控制在小于砾石直径1/3的尺寸，以防砾石掉落其中。

（2）作为广场铺装的主要面层（见图4.22）。砾石作为广场的铺装材料，通常与黏合剂配合固定使用。但在黏合剂的选择上，要注意透水性与生态性的结合。为了保证广场的整体性与统一性，所选的砾石尺寸大小前后尽量不超过2mm，铺设时可将砾石按照先前设计好的图案排列紧密，只有做到这些，才能让使用人群产生良好的脚下感觉并形成视觉图案美感。

图4.21　砾石作道路面层

图4.22　砾石作广场面层

（3）配合其他铺装材料作为面层使用。

① 将白砾石与山石、苔藓搭配，组合成枯山水意境。

② 以青石板、木材、砖石作为主要踏面，将砾石散铺在周边，再以路缘石进行收边，或以地被自然收边，这样能够挡住砾石的离散。在通常情况下，砾石应与踏面材料的颜色形成鲜明的对比。

（4）作为儿童游乐场地的铺装材料。对于儿童游乐场地来说，安全是第一要素，但在保证儿童玩耍中的安全以外，还要考虑景观元素对儿童智力、行动力、创造力的激发。而颗粒极细的沙砾能满足这一要求。将沙砾置于儿童游乐场地，能保证场地的柔软性，同时儿童天生对沙砾有一种亲和感，将沙砾设计为不同的颜色作为游乐场地中器械的软铺，也能让儿童在玩耍中得到保护，在保护中得到启发。由于儿童没有自我保护的能力，所以在沙砾的选择上，应保证沙砾的圆滑，没有棱角或碎石砂，还要清理掉其他污垢。

（5）作为道路收边（见图4.23）。砾石是一种绝好的收边材料。当道路边缘用雨水箅子作为下水时，散铺砾石可遮盖箅子的生硬，同时也可渗水。当道路与植被过渡不协调时，砾石也可作为中间的媒介，削弱铺装与草地的边界，让道路向绿化过渡更加自然，遮挡人工的痕迹。

（6）作为装饰（见图4.24）。砾石作为一种既低价又能出景观效果的材料，可谓是物美价廉，人们常常利用砾石施工简单的特点，将砾石作为景观装饰。例如，一些被破坏的铺地无法种植植物，让黄土裸露会影响景观效果，可采用砾石大面积铺设作为装饰；或者利用砾石的可塑性，将其与景观元素相结合，拼凑成一幅美丽的画，甚至打造出一个宜人的空间环境。

图4.23　砾石作道路收边

图4.24　砾石作装饰

4. 混凝土

在居住区道路中，混凝土路面分为刚性路面和柔性路面。刚性路面通常指的是水泥混凝土，它具有较大的抗弯能力和较强的刚性，能够直接承受地面车辆传来的承重并分散到路基上，但不便于排水，施工相对复杂，且不易修复。柔性路面通常指的是碎石路面或沥青路面，其相对刚性、半刚性的混凝土而言，最大的优点是底基层和基层不容易产生裂缝，排水性强，但容易被破坏。

压印混凝土（见图4.25）是混凝土在技术上的一次提升，它的出现增加了道路的变化性，使混凝土道路更具有设计感。压印混凝土路面是一种模仿木材、天然石材的装饰性混凝土铺装路面，具有既能保护资源又有利于环境发展的现代绿色材料特性，与天然石材、木材的长期开发会导致生态环境破坏、自然资源面临枯竭形成鲜明的对比。

压印混凝土路面的优点如下：

（1）整体性强。压印混凝土施工技术与混凝土施工技术一致，都是一次性浇铸而成，相对于普通的砖石铺路来说整体性强，不易产生松动，也不易产生碎裂。

（2）避免杂草、虫蚁筑穴的产生。传统砖石路面铺设的中间易产生杂草、虫蚁，需要大量的人力、物力去进行灭虫和拔草工作。而压印混凝土是一次性浇铸而成的，所以避开了这些问题。

（3）维修率低。压印混凝土具有混凝土坚固耐用的特点，相对于传统砖石铺路来说维修率低。

（4）印花花样多，施工效率高。压印混凝土模具款式多，色彩丰富，施工技术成熟，流程简单。

图 4.25 压印混凝土路面

【木材铺装案例】

5. 木材

在居住区景观中，木材和天然石材与钢结构相比，具有"低导热性"这一特征，能给人们带来冬暖夏凉的亲切感，因此常受到人们的喜爱。而且，木材具有环保性和天然性，也常受到设计师的喜爱。但在自然环境中，木材容易受到潮湿、虫害等灾害，在使用一段时间后会出现虫蛀、褪色、腐朽等不良现象，所以用木材营造的景观环境虽然好，但更新率高，维护费用也高。

（1）居住区景观中木地板的分类。

① 深度炭化木。这类木材经过高温烧结处理，使木材本身的吸湿性和内应力降低，从而使木材更坚固且不易变形，能够经受光照、风雨、冷热、细菌等综合灾害。

② 防腐木。为了使木材保持长期的观赏效果，人们通常会对木材进行防腐处理。但在对木材加入药水进行防腐时，应注意避免使用有机磷、铬、砷等其他有害物质。

③ 塑木。塑木是一种新型的复合型材料，硬度常为普通木材的 2~5 倍，能有效地解决了防潮、防水、防蚁的问题，同时对遇水后膨胀、腐烂等问题有了很好的突破，其耐用性高于普通木材。而且，因为塑木的人工加工性强，所以颜色、纹理、质感多姿多彩，可供选择性大。

④ 经过 PVC 微发泡木材。这类木材是经过 PVC 微发泡技术生产的木材，表面色泽美观，具有相应的承重力，且具有防火、防水泡、防污染、环保等优点，是户外木材的首选。

（2）木材在铺装上的应用。

木材在铺装上通常应用在人行活动区，因为木材的承重能力有限，基本上不供非机动车或机动车通行，仅供人们休闲娱乐使用。

① 木质亲水平台（见图 4.26）。木质亲水平台是从陆地延伸到水面上且高于水面，用木质材料打造的一个供人玩耍的平台。人都有亲水性，喜欢与水嬉戏或静静地观赏水面，选取木材搭建平台能够满足人席地而坐或趴在平台上亲水的需求。

② 木栈道（见图4.27）。木栈道是用木材搭建而成，供人穿梭的小道。木栈道有两种形式：一种是搭建在水域中，让人穿梭在湖面上，使其更全面地体验水的乐趣；另一种是搭建在林间或田野中，让人穿梭其间，感受园林树木的生态美。这两种形式的木栈道，都是架空在水平面上，所以防护措施要做到位，木栈道的两侧应设立栏杆，高度不低于1m，栏杆之间的缝隙在110mm以内。

③ 木质道路。木质道路是用木质材料做园路的小径，能够给人亲切、舒适和自然感。

图4.26　木质亲水平台

图4.27　木栈道

6. 塑胶

塑胶是由聚氨酯预聚体、混合聚醚、废轮胎橡胶、EPDM橡胶粒或PU颗粒、颜料、助剂、填料混合而成的。塑胶材料常常应用在居住区的健身区或儿童游乐场地的铺地上，它的整体性较好，平坦且抗压，具有强韧的弹性层和缓冲层，能够保护人在活动时与地面接触不当或接触过快时不会摔伤或扭伤，可以起到缓冲作用。塑胶场地使用年限长，可满足高频率的使用，耐压缩性强，不会因为长期使用而失去弹性，且能制作成定制图案，可丰富场景的变化性，是健身区和儿童游乐场地铺地的首选，如图4.28所示。

【塑胶铺装案例】

7. 金属

金属是一种具有光泽的工业材料，表面能对可见光进行强烈的反射，所以在园林铺地中，很少大面积地使用金属，以避免对人眼造成强烈的刺激感。同时，金属材料在夏天炎热的光线照射下，表面发烫会给人的皮肤造成灼热感；而在冬天温度降低时，人的皮肤接触到金属后，容易产生黏结感，尤其在北方的严冬，严重时还可能会掉一层皮。因此，金属既不会大面积应用，也不会应用在人的皮肤容易接触到的地方。

在居住区景观中用到的金属常为铝、铜、铁，其中以钢材居多。钢材的应用分为两个用途，一是用作道路铺装的收边（见图4.29），常配合花岗岩、卵石或砖石一起使用。用钢材进行收边，将细长的一条钢材作为道路与植被的分割，偶尔会产生反光，形成一种鲜明的对比，给人营造一种干净利索的景观空间，让人清楚明快地分辨出硬质铺装与植被，具有划分空间的作用。二是将钢材用作防滑条，钢材金属的质感与色泽，既实用又美观大方，很容易提升空间的景观品质。

图4.28 塑胶铺地

图4.29 钢材用作铺装收边

二、居住区铺装纹样介绍

在居住区铺装中，由于技术的发展和人们精神的需求，铺装图案的样式不再单一地选用整体的混凝土路面。设计师会选取不同的铺装材料，配合铺装的颜色和质感，能够使铺装勾勒出一幅美丽的画面。

1. 传统铺装纹样

中国古典园林将每一处细节都打造得精彩绝伦，其中，铺装纹样起着重要的作用。在传统铺装纹样中，一般先利用砖瓦打造图案的轮廓，再将碎石、卵石镶嵌其中，形成不同寓意的图案，有联想的、谐音的、意会的，也有直译的，

【传统铺装纹样】

这些图案与每一处空间形成完美的呼应。

（1）"人"字形铺装。这是古典园林中最常用的铺装形式，利用长条斜拼铺装，组成"人"字形，寓意人丁兴旺。

（2）冰裂纹铺装。这种铺装以碎拼的形式铺饰，就像冰破裂的形状，寓意人冰清玉洁的品质。

（3）蝙蝠图案铺装。蝙蝠的"蝠"与"福"谐音，古人常用蝙蝠象征福气，将蝙蝠形状铺装于园林中，寓意可将福气踩在脚底下，不会流走。

（4）仙鹤图案铺装。自古以来，仙鹤都象征着长寿，表达着古人希望延年益寿的心态。

（5）如意图案铺装。如意图案象征着吉祥如意。

（6）组合图案铺装。荷花、荷叶、莲藕组合在一起寓意早结连理，蝙蝠与"寿"字组合在一起寓意五福捧寿。

2. 现代铺装纹样

现代铺装纹样是利用丰富多变的铺装材料结合现代审美观念铺饰，可分为以下几类：

【现代铺装纹样】

（1）几何图案铺装。通过点、线、面的平面构成形式，丰富人的视觉效果，让人的焦点汇聚于此，可给空间增加动态活力。

① 矩形铺装（见图4.30）。矩形铺装的直线条或直角边给人以规矩、整齐感，再结合砾石或草地这些跳跃性强的景观元素，可柔中带刚、刚中带柔，形成汀步小道。

② 三角形铺装。在现代冰裂纹铺装中，单个的三角形铺装会产生尖锐感，但若干个三角形铺装拼接在一起，尖锐图案则被消磨掉，取而代之的是很有动态的活泼感。

③ 圆形铺装（见图4.31）。圆形给人带来的是柔润之美，既有曲线的流动感，又让人产生安定感。

（2）动植物图案铺装。在现代铺装纹样中，也会延续传统铺装中动植物图案的应用，人们除了喜爱动植物所带来的亲切感之外，也将美好的寓意寄托于此（见图4.32）。人们常用到的动物有蝙蝠、鱼、仙鹤等，常用到的植物有象征四君子的梅、兰、竹、菊，将这些图案放于十字路口的交叉处或广场中央，可以烘托出小环境的气氛。

图4.30 矩形铺装

图4.31 圆形铺装

图4.32 植物铺装

三、居住区铺装设计手法

1. 坚持以人为本的设计原则

居住区的主要使用对象是人，所以铺装的主要服务对象也是人及其所操作的一切活动。

（1）表面纹理要人性化。室内铺装与室外铺装有很大的不同。室内铺装表面既光滑又光亮，光滑的铺装能显得室内空间干净整洁，铺装光亮会带有反射效果，将室内空间投影到地上，这样的做法能使室内空间感增大。而室外铺装则相反，光滑的铺装效果不易于打扫清洁，在短时间内容易显脏，因为室外空间是公用场所，铺装的耐脏性差；而且，光滑的地面还容易使人滑倒，特别是老人、小孩及穿高跟鞋的女性，每逢雨季，雨水未完全渗透时，更容易滑倒。因此，无论是室内铺装还是室外铺装，都要选择防滑、耐磨的路面，既保证人能够安全通行，又能够保证车辆不打滑。

（2）对特定地方的人性化处理。例如，在台阶处增加防滑条，可镂空或割几道条纹增加摩擦力；在池边或高低落差处，选择带灯条的铺装，提示不同空间的转换；等等。

（3）具有保健功能的铺装设计。例如，在居住区外围开拓一条塑胶健身跑道，或在游园小径的道路上利用半平方米的空间设计一块卵石路面以供人踩踏，这些具有保健功能的、强身健体的铺装设计如今越来越受到人们的喜爱。

（4）对特殊人群的人性化照顾。对于行动能力弱于成年人的人群，如老人、小孩、残疾人士或推着婴儿车的女性，都要在铺装上着重处理以便进行人性化照顾，如在具有高低落差的地方设计无障碍通道或在必要的铺装地方设计扶手栏杆来减少这类人群的体能消耗，每个细节都要体现出人性化的设计。

2. 坚持生态化原则

为居住区业主提供一个生态、绿色、环保、自然的小区环境是居住区景观设计自始至终的目标，在居住区景观建设中，应坚持始终生态化原则，铺装也不例外。在铺装设计中，应避免大面积地铺设，应在适当的间距内注意留缝，将砂石、草地等自然元素融入进去，在不影响人活动的前提下尽量最大化地实现生态化，做到人与自然共存。在材料的选择上，应尽量选用具有生态特性的铺装，如使用嵌草砖或透水砖。

3. 按照铺装尺度设计

铺装尺寸的大小影响了人在空间中的感受，合理的铺装尺寸能够给空间增添惬意；相反,过大或过小的铺装尺寸,则会给人带来不舒适的空间感。若是营造的空间较小,如只适合3~5人小范围休憩的空间,建议采取500mm×500mm左右的铺装尺寸;若想营造更精细的小型空间,则可用马赛克或小型地砖来打造,因为使用太大的铺装会让空间失去其本身的细腻感;若是场景较大,像广场类型的多人使用空间,则使用大尺寸的花岗岩更适宜,这时若采取较小的铺装则会让空间产生敦促感和压缩感。总之,合理的铺装尺寸对构造出与环境相适宜、相协调的布局尤为重要。

4. 按照铺装颜色设计

居住区铺装最常用颜色依次为灰色、黑色、暗红色,并搭配白色、黄色、蓝色、绿色、青色辅助,其颜色的搭配应做到沉稳而不沉闷,鲜明而不媚俗,能为大多数人所接受。铺装的色彩除了在特定情况下会成为空间的主色调之外,在一般情况下是衬托空间的背景色。恰如其分的色彩是最能烘托环境和调动气氛的视觉元素之一,能够给人带来视觉享受与精神欢愉。

例如,儿童天性喜欢活泼好动,对色彩的第一感很强烈,容易被艳丽的色彩所吸引。在儿童游乐场所中,可采用鲜明的色调作为主要颜色,如蓝色、黄色、绿色、粉色等,不需要太过于浓艳,太过于浓艳的环境气氛儿童会待不了太久,应以浅色系为主,营造出清醒自然的气氛。但在儿童游乐场所的外围可采取浓度较高的绿色、黄色作为与外界空间的分割带,让儿童清楚地明确界限。又如,在纪念性场合的空间,可以配合主题营造肃穆的氛围,应使用无色彩系列,如黑色、白色、灰色,让空间显得较为沉稳,更为迎合纪念的气氛。再如,休憩区的铺装色彩,可选用较为淡雅柔和的颜色作为映衬,打造安静、安宁的空间。总之,所有的铺装都应对应空间主题,不应喧宾夺主,如纪念性空间的五颜六色铺装或儿童游乐空间的黑色、白色、灰色搭配,都会使场景显得杂乱无章,人的心情也不会得到释放。

5. 结合当地文化特色设计

在设计居住区的铺装样式时,应结合当地历史、文化、民族等特色,在铺装上进行视觉传达设计,设计出具有当地文化特色的铺装样式,用来区别不同地域,让铺装成为区域性特征。在同一地域,根据不同居住区所表达的风格、内涵,可为每个居住区因地制宜地设计铺装作为居住区识别的标签,做到铺装设计的个性化。同时,铺装选材应符合就近选材的原则,本土材料无疑就是当地文化的一种体现,本土材料在铺装上的应用,更能从视觉效果上展示当地文化的特色。另外,考虑到成本、路途和折损率等因素,如果再结合部分现代材料,将本土材料与现代材料合理搭配、应用得当,便能使居住区既不失当地文化特色的底蕴,又增添了与时俱进的科技感和现代感。

作 业

(1) 小组讨论:讨论居住区停车存在的问题并提出解决方案。
(2) 个人作业:
① 提供图纸,为某居住区规划道路。
② 设计出该居住区广场和园路铺装样式,风格不限但需要统一。

第五章 居住区绿地景观设计

学习目标：
(1) 了解居住区植物景观设计的规范。
(2) 熟练利用植物为居住区做出合理的绿地规划。

本章要点：
(1) 植物的功能。
(2) 居住区绿地的规划。
(3) 居住区绿地的设计规范。

本章引言

居住区绿地景观的规划与设计能够优化生活环境，提高居民的生活质量。居住区绿地景观的设计能够增添生活环境的趣味性。为了有效地提高居住区绿地景观设计的整体质量，设计师需要对居住区绿地的结构进行思考，并运用相关的生物学知识对居住环境进行改造。

第一节 植物的功能

一、保护和改善环境的功能

在设计居住区绿地景观时，采用园林植物优化居住区环境的原因有两点：一是能绿化居住区环境，净化生活环境的空气，因为绿色植物的统一性能够遮挡有缺陷的建筑物，增强建筑物的美感；二是能提高居住区绿地环境的观赏性，因为绿色植物能够为居民提供遮阳的场所，还能为居民提供生活服务的场所。

【改善环境】

居住区绿地主要以植物作为绿化环境的重要部分。植物本身能够为生活提供氧气，净化与改善环境，降低噪声。合理规划绿地能够为居民生活带来便利，能够有效调节温度，减少紫外线的辐射，进而改变居住区环境的气候。居住区绿地还能不断优化生活环境，尤其是其具有的生态功能，能促使居住区环境形成微型生态系统。基于此对居住区绿地进行景观设计，可使居住区环境具有服务性功能。

居住区景观设计中植物也具有改善气候的功能，如在夏天能够遮阳降温，可以有效调节空气湿度，并且有利于降低风速。居住区景观设计利用较多的植物，利用绿植与气候的温差，形成空气交换，促进微风的形成。较多的花草树木可以形成丰富多彩的植物景观布置，其结合少量的水体景观，能够形成分隔空间，使居住区景观设计形成层次化。

在居住区景观设计中，较多地利用植物可以促进居住区居民开展户外活动，有利于老年人与儿童在居住区内活动时拥有良好的心情。居住区景观设计中植物不仅可以使人在美观上得到满足，而且有利于节约建设资金，有效净化空间环境。

用大量的绿植作为居住区景观设计，可以有效降低自然灾害带来的风险，如绿植有利于疏散人口，起到防火救灾的作用。除此之外，绿植还具有吸收放射性物质的作用，可以有效保证居住区居民的身体健康。

居住区景观植物的种植在一定程度上具有提高居民亲和度的功能。因为绿色本身可以使人们产生亲密和谐的感觉，所以在居住区种植大量的植物，有利于保持居民的心情舒畅。但是，居住区内可种植植物的土地面积与各种公共场所土地面积相比较小，因此绿植显得更加可贵。当居住区植物的种植在所包围的区域产生封闭现象时，可以有效利用"小中见大"的景观设计方法，从而在居住区中形成软质空间，类似于"模糊"了植物与建筑物的边界。

二、围合空间的功能

围合空间在国外一般指的是一种类似于封闭式敞开的空间；而在我国，围合空间则是指采用半封闭或者全封闭类型的空间；在现代住宅中，围合空间用于表达围合式布局将内部和外部进行统一的宇宙观。所谓围合空间住宅，就是围绕建筑中心来设计的住宅，这与我国传统建筑的布局有相似之处，主要有以下3种优势：

（1）能够形成有效的边界，增加人们的归属感与领域感，满足人们的内心需求。拥有围护与屏蔽功能的住宅是人们最大的诉求，这也是人们愿意长时间停留在某个区域，以满足互相交往的愿望。围合空间的设计能够形成有形边界，这是现代住宅设计中十分有效的方法。

（2）能够起到挡风的作用。通风是防止疾病最有效的方法，但是对于高层居民来说，则会面临风太大的问题。而围合空间的建立能够很好地解决这个问题，尤其是对于常出现沙尘天气的北方城市来说，围合空间能够有效解决风沙问题。

（3）有利于居住安全。围合空间与开放空间相比，人员出入数量较少。在围合空间里，儿童能够安心玩耍，老人也能够随意走动。从我国经济发展现况来看，社会尚未达到资源共享的状态，所以居住区采用围合空间的方式进行设计有利于内部资源管理。

三、观赏的功能

【常用乔木】

1. 植物的体量

（1）乔木。乔木的树身高大，主干较为直立，从树干及树冠上可以明显辨识，乔木高度能达 5m 以上。乔木通常与低矮的灌木相对应，在居住区内常见的高大树木都是乔木，如木棉（见图5.1）、羊蹄甲（见图5.2）、榕树（见图5.3）等。乔木有冬季和旱季落叶之分，主要分为落叶乔木和常绿乔木两类。

图 5.1　木棉

图 5.2　羊蹄甲

图 5.3　榕树

在居住区绿化中利用植物进行设计时，设计师必须明确设计目的，根据居住区景观环境的需要及实际条件合理选取和组织所需要素。在通常情况下，乔木在景观设计中因色彩单一而能够给居民提供较为安静的氛围，在植物的配置中特别是针对大中型规格的配置时，将会对居住区内景观设计的整体结构和景观效果产生较大的影响。较矮小的植物在景观设计中，只有结合较大的植物所形成的结构，才能发挥景观更具人格化的细腻的装饰作用。

（2）灌木。灌木主要是蒿类植物，是多年生木本植物，具有冬季枯死的特点，不耐寒，也有一些耐阴的灌木可以在乔木下方生长，因此有些地区的气候条件不利于灌木生长。灌木是地面植被的主体，能够有效形成灌木林。居住区常以黄素梅（见图5.4）、红花檵木（见图5.5）、鹅掌柴（见图5.6）、女贞（见图5.7）、杜鹃花（见图5.8）等组合成灌木景观带。

【常用灌木及藤本】

在居住区内种植灌木有助于提高居民区内的美感。灌木的色彩丰富，能够使居民产生良好的心情，也能够使居住区内景观色彩更加靓丽。

（3）地被。地被植物与乔木植物不同，地被植物生长密集、低矮，对土地的覆盖面积广，吸附力强，可代替草坪使用，简单管理即可形成大片的景

【常用地被植物】

图5.4 黄素梅

图5.5 红花檵木

图5.6 鹅掌柴

图5.7 女贞

图5.8 杜鹃花

观效果。居住区常用地被有三叶草（见图5.9）、冷水花（见图5.10）、紫雪茄花（见图5.11）、麦冬（见图5.12）等植物。地被植物的主要特点就是好区分且便于运输和种植，也是在居住区景观设计中较为常见的植物类型。

图5.9 三叶草　　　　　　　图5.10 冷水花

图5.11 紫雪茄花　　　　　　图5.12 麦冬

由于地被植物的种类多样,所以在居住区内进行地被植物种植能够有效提高居民对居住区的印象,使其在观赏中产生良好的心情。

(4)草坪。草坪一般在居住区内大面积种植,使用范围较广,大人喜欢坐在草坪上聊天,孩童喜欢在草坪上玩耍。当居住区中出现大片面积的空地时,一般会采用草坪(见图5.13)进行覆盖。草坪也是居住区内常见的植物。

图5.13　草坪

2. 植物的外形

居住区内种植植物的外形都是修理过的,常见的植物外形有塔尖形(见图5.14)、圆柱形(见图5.15)、圆球形(见图5.16)、伞形、垂枝形(见图5.17)、藤类(见图5.18)等。不同类型植物的外形具有不同的观赏作用,如圆柱形的植物外形体现出较为可爱的感觉,伞形的植物外形尽管在修理时有一些困难,但是在美感度上效果最好。

图5.14　塔尖形(圆柏)　　　　图5.15　圆柱形(仙人掌)

图5.16 圆球形（黄杨）

图5.17 垂枝形（垂柳）

图5.18 藤类（凌霄）

3. 植物的色彩季相

【观花植物】

在色彩方面，居住区景观设计在局部景区往往突出一季或两季特色，较多地采用几种植物成片群植的方式。例如，迎春附柳（见图5.19）是春景，曲院风荷（见图5.20）是夏景，丹桂飘香（见图5.21）是秋景，踏雪赏梅（见图5.22）是冬景。

4. 植物的叶子

【观叶植物】

观叶植物的种植在一定程度上对居民的身体有益处，它们能够有效吸收生活中产生的废气，再加上其本身能够释放氧气，吸收二氧化碳，同时还能减少噪声。绿色植物的叶子具有较强的吸附能力，能够吸收有害物质，因此观叶植物享有"绿色净化器"的称号。例如，吊兰（见图5.23）的叶子具有较强的吸毒功能，能够有效净化空气质量改善居住环境；又如，文竹（见图5.24）的叶子呈羽毛状，能够吸

图 5.19 迎春花

图 5.20 荷花

图 5.21 桂花

图 5.22 梅花

图 5.23 吊兰

图 5.24 文竹

收二氧化硫、氯气等有害气体，还能产生净化空气的气体，达到杀菌的目的，能有效减少居民感染流行性感冒的现象；再如，七叶树（见图5.25）的叶子可以用来制作药材，也可以用来泡茶，人饮用之后可以提高睡眠质量。

图5.25　七叶树

第二节　居住区绿地规划与设计

随着现代生活质量的提升，人们开始追求精神生活，对居住环境的绿化提出了更高的要求。居住区绿地规划需要进行多方面的思考，结合空间布局、景观结构进行设计，通过景观小品的设置将不同的文化融入环境中，使居住区绿地环境的艺术性得到提升。为有效提高居住区绿地设计的整体质量，设计师需要对居住区绿地的结构进行考虑，并通过相关的生物学知识对居住区环境进行改造。居住区绿地景观的规划和设计能够优化居民生活环境，提高居民生活质量。

一、居住区绿地的组成

1. 宅前绿地

宅前绿地（见图5.26）是指住宅区前的绿地，一般采用绿色植物围绕住宅进行种植。对宅前绿地进行规划和设计的主要目的是美化居住环境，明确宅前绿地并不属于住宅公共绿地范围，由此在进行绿地设计时，保证环境的整体性。

2. 庭院绿地

庭院绿地（见图5.27）是指私人拥有的绿地范围。对庭院绿地进行规划和设计，需要种植多种类型的花草树木，还要设置景观，形成娱乐场所，为居民提供优质生活环境。在庭院绿化过程中，只有保证设计具有简洁性，才能够有效减少居民生活中存在的问题。

图5.26 宅前绿地

图5.27 庭院绿地

3. 公共组团绿地

公共组团实质上是由不同类型的居住组团构建而成的，公共组团绿地能够为居民提供相应的生活场所。为保证公共组团绿地的相对性，应有效利用居住区道路。公共组团绿地是最常见的绿化方式，服务对象为居住区里的老人与孩子，为其提供相应的活动场所。公共组团绿地属于公共绿地的范围。

4. 道路和停车场绿地

道路和停车场绿地进行绿化时应尽量选择简单的方式，保证道路用地的绿化更加美观。

5. 居住区主次入口绿地

居住区主次入口绿地在进行设计时，既要保证美观性，又要保证住宅绿地的简约性，只有这样才能给居民焕然一新的感觉。

二、居住区绿地设计的原则

进行居住区绿地规划时，设计师需要根据建筑物空间、结构、环境等多方面进行思考，并按照相关的设计理论进行实践，打造独特的建筑布局和生活化的居住环境，使人与环境和谐相处，创造美丽的居住区环境。在进行景观设计时，还需要注意景观布局与建筑设置的合理性，将园林艺术与生活艺术联系起来，使居民的生活环境进一步优化。

在对居住区绿地进行设计时，设计师应当参与进来，这样能打破规划与建筑先行的传统理念，能让规划、建筑、园林更好地融合在一起，能突破传统建筑观念给园林设计带来的局限性，还能使居民在享受园林绿地时更好地体验"虽为人造，宛自天开"的园林绿化。在改善绿地环境时，要注意景观设置与生活的融合，可以设置一些景观小品、花园、水景等，使居住区绿地环境设计更富动态性，还要注意居住区绿地环境的生态化，以保证植物群落的多样性。

居住区绿地的设计应该注重环境的生态化与人性化建设，如下所述：

（1）生态化环境的建设。设计师应该按照相关的生态学原理进行设计，将生态学原理应用到景观设计中，对植物与生活环境进行生态空间布置，从而保证生活环境的优美。绿地环境的建设采用相关的生态理念，在一定程度上能够满足人们对自然生活的追求，能够有效改善居民的生活环境。

（2）人性化环境的建设。居住区生活环境的好坏在一定程度上影响居民生活的质量，只有不断地完善居住区生活环境，建设人性化的生活小区，才能提高居民的生活质量。在进行居住区绿地设计时，应该按照不同的居民需要进行环境景观设计，增设活动设施，使环境的建设更贴近生活，从而达到绿地设计人性化的目的。

三、宅前绿地设计

宅前绿地设计要遵循一定的原则，要保证空间的整体性，以创造良好的环境；也要保证花草种植的统一性，有效地构建空间的具体性；还要进行多元化的空间设计，如设置生活娱乐场所、儿童游戏空间、文化景观等，进一步提升居民的幸福感。

在进行宅前绿地规划时要有效结合生态功能，进一步提高绿地环境的生态性，为居民提供良好的生活环境。例如，以下是对杭州西溪风情园住宅绿地规划的详细分析：

西溪风情园住宅位于杭州，具有特殊的地域优势，临近西溪湿地，建筑面积较大。对该住宅进行设计时，按照住宅的实际情况进行绿地规划，希望建设成拥有水景景观的住宅。

在对西溪风情园住宅进行绿地规划时，需要按照当地的资源优势进行设置，设计师要尽可能地将自然优势显现出来，按照人与自然的理念，搭配相关的景观设计，采用古典建设风格。设计师在进行整体布局时，采用自然的表现形式对住宅绿地进行设计，从而使住宅绿地环境更加自然化，能够将其优势发挥出来，提高住宅环境的绿化质量。

由于西溪风情园住宅的水资源充足，所以设计师可以借助水资源来设计住宅水景，使住宅绿地环境更加优美。水景的设计风格以古典主义为主，设计可以呈现多种形式，例如喷泉，既能优化生活环境，又能改善绿地环境。加强对住宅区水景的设置，能够在一定程度上提高住宅的知名度，增强住宅景观的观赏性。

四、庭院绿地设计

在进行庭院绿地设计时，要设置具有趣味性的景观小品，才能提升景观设计的美观度。设计师要根据住宅的实际情况进行景观环境设计，才能实现绿地规划的作用，既要保证安全性，提升人们的生活兴趣，又要采用先进的设计方式，进一步改善庭院绿地环境。同时，还需要进一步分析绿地的主要特点，尤其是居住区绿地的分地，只有保证分地的绿地面积具有合理性，才能降低绿化难度。与此同时，还要进一步考虑景观设计的安全性、娱乐性，如在设置健身器材时，应将其放在公共区域并配备管理人员对其进行定期维护。

五、公共组团绿地设计

在进行公共组团绿地设计时，要根据居民的实际需要，设置相关的公共设施。例如，为老年人及儿童提供生活服务，在居住区内添加便利店、卫生所；增设居住区医疗服务机构或者建立居委会，有效保障老年人的生活。在居住区内设置绿化设施，能够有效改变入户的生活环境，还能够提高住宅建筑的美观性。再加上公共设施的建设，能够有效满足居民对于生活娱乐的需求。公共组团绿地主要的服务对象是老年人与儿童，想要提高绿地的服务性，必须构建更多的服务设施。

六、道路和停车场绿地设计

在进行道路绿化的过程中，要根据道路的基本要求进行规划，并按照实际需要进行设计。设计师只有具有较强的专业技能，才能根据地形并结合居民需要对道路进行绿化。需要确保设计内容更加有效，保证居民的安全性，尤其是在规划停车场绿地时，要保证道路通行的安全性且交通道路不能跨越居住区。在进行道路绿地设计时，要实现交通顺畅的目标，在保证不影响居民生活的情况下，可以缩短通行的距离，如在设置住宅出口时，应保证距离为

150m～200m。在居住区进行道路绿化时，所采用的布置形式包括环通式、半环式及混合式。

第三节　居住区植物配置

在居住区景观设计中，植物要根据环境进行合理配置，要考虑其美化环境的作用。大多数居住区内植物的设置都具有一定的立体空间感，通常都以自然美为特征来进行配置，并且在配置之前都有平面构图。植物配置通常要与建筑及其他景观进行搭配，要考虑其他景观的地理位置，在合理配置的情况下，达到景观设计形式的统一。另外，居住区植物配置的方法要因地适宜，只有这样才能为居民提供良好的生活环境，使居住区的环境接近自然。

【植物配置案例】

一、乔木配置

1. 乔木配置的类型

（1）孤植（见图5.28）。孤植切记要远离其他景物，主要目的在于种植一棵姿态优美的乔木或灌木，营造空旷的空间感，以便人们尽情观赏单棵植物的美。孤植在植物的种类选取上，注意要有观赏点，如赏叶、赏形、赏花等。

（2）对植（见图5.29）。对植是一种呼应的种植方式，在种植前栽植在构图中心或两侧。在通常情况下，对植一般采用同种树种进行植物配置，并且以主体景物中轴线保持景观的平衡关系，从而到达最佳植物配置效果。

（3）丛植（见图5.30）。在利用丛植进行植物配置时，通常使用2～10种植物，通过植物的高矮变化、色彩变化、质感变化来进行图案式的搭配。近年来，丛植也成为城市绿地的主要景观布置形式之一。

图5.28　孤植

图5.29　对植

图 5.30　丛植

（4）群植。在利用群植进行植物配置时，通常以一两种乔木为主，并且要保证与数种乔木和灌木搭配，只有这样才能将其组成较大面积的树木群。在通常情况下，组成群的单株树木数量一般在 30 株以上，可以形成较为壮美的景观。

（5）林植。林植是指在植物景观设计中，采用单一或多种树木在较大范围内栽植成林的方式。除此之外，在植物景观配置中，只要是成片且大量栽植乔木和灌木，能够构成林地或森林景观，也都被称为林植。

2. 乔木配置的方法

在通常情况下，不同的植物在配置方面也有不同的要求。

（1）孤植的方法。孤植主要强调树木本体的美，在树种的选择上，应选择姿态优美、花期长、无毒无害的植物。孤植在进行植物配置时，强调"唯一"性，在孤植植物周边不宜种植其他植物进行遮挡，如需要配矮，则应选择低矮地被植物进行搭配。在竖向上，尽可能保证 4 倍以上的树高作为构图需求。同时，孤植树木多为乔木，应与居住区建筑保持 5m 以上的距离。

（2）对植的方法。对植是指在植物种植过程中，采取"左右"种植的方式。植物的对植应用常会出现在建筑出入口。若使用花卉作为对植植物，可与花钵搭配，种植在花钵上，常会采用时令花卉，让出入口有鲜艳的、活跃的气氛感觉。若使用乔木作为出入口对植，可选择圆柏、迎客松等树形较为美观的植物，会让人进出时心里觉得庄严、稳重的空间感。

（3）丛植的方法。丛植最关键的地方在于调和的过程中显示出对比差异，当差异太大时，要使植物调和度符合标准。在通常情况下，株数越少，丛植配置中的树种越是不能多用；当株数慢慢增至 10～15 株时，外形相差过多的树种不宜超过 5 种；但如果外形类似，则可增加树种种类。

（4）群植的方法。群植要注意留出空地为居民提供观赏的空间，在种植方式上最好将郁闭式与成层式相结合，并在群植前设立公共预示牌，不允许居民进入。

（5）林植的方法。林植通常选用观赏性较高且健壮的落叶树和四季有景可赏的树木。在居住区配置植物时最重要的是，不能把居住区内的植物种植视为单体，不管是哪一种植物，在种植的过程中都无法单独满足景观设计所需求的功能。因此，在进行植物景观配置时，必须将所用的植物配置作为整个植物群体进行设计，这样才能够保证设计人员及施工人员在完成群体设计后，具体地进行单体植物的种植排列。针对各局部植物配置设计，先要选择使用哪种植物进行植物搭配,并且根据居住环境及居民需要确定植物的质地,一般将粗壮型、中粗型及细小型3种类型的植物进行均衡搭配使用。

3. 乔木配置的注意事项

(1) 在居住区内进行群体中的单体植物配置时,树木的成熟度要选择在75%～100%。设计师要根据居住区的实际情况,对植物的成熟外观进行设计,而不是仅仅注意幼苗大小,也要注意植物最终成熟后的外貌,这样便于将单体植物正确地植于群体之中。

(2) 不论是哪种类型的乔木,在配置中都要注意布局的整体性及内聚性。植物组合和排列方式应保证其布局能够与居住区内的其他植物相配合,其他因素及形式等方面也要保证相配合。

(3) 景观设计人员在完成群体和单体布局后,也应考虑在设计的过程中,哪些植物的配置部分是需要变更的。针对这一目的,可以采用群植或孤植的形式来配置植物。但由于植物的特殊性,所以要保证配置样式与初步设计中选取的植物大小、形态、色彩及质地等相吻合,除此之外,应考虑阳光等其他因素对植物种植的影响。

二、五重配置法

1. 草坪在植物景观的配置

草坪是指草本植物在经过人工种植改造后形成的具有美化环境作用与观赏价值的坪状草地。在植物景观配置中,利用草坪进行园林景观设计的应用不断提高,草坪在植物景观配置中具备的最大功能是能够为居民提供足够大的空间。为凸显草坪配置在居住区植物景观中的作用,设计人员要根据草坪立体空间进行全方位的设计。草坪是居住区绿地景观设计的重要组成部分,在一定程度上能够丰富居住区景观的基调,就好像绘画一样,草坪是绘画的底色,其他景观(如树木、花草、建筑、山石等)都是绘画中的主调。在居住区植物景观配置中,将草坪作为背景的应用较为普遍。设计师通常利用某一类型的树种的特点进行居住区植物景观构成,并选择使用其他树种进行陪衬,最后在适合的地方进行草坪配置。草坪在居住区景观配置中具有整齐、单一的特点,从景观配置的整体上来看,其对居住区植物景观配置具有重要作用。

2. 地被在植物景观的配置

地被主要配置在居住区道路的两侧。居住区的游走区适合居民驻足观看,在该区域能够有效利用地被植物打造各色景观。在居住区道路的两侧可以选择种植与居住区环境相适应的、花色鲜艳的、适应季节变化的地被植物,如黄菖蒲(见图5.31)、吉祥草、金边玉簪(见图5.32)、亚

图 5.31　黄菖蒲

图 5.32　金边玉簪

菊等。块状地被植物主要配置于大面积的草坪内侧，如在草坪的边缘种植地被，这样既不影响居民对草坪植物配置的功能需求，也可以丰富草坪景观内容。

3. 灌木在植物景观的配置

在进行灌木植物的景观配置时，可以选择使用功能相符的乔木树种进行配置。灌木植物作为居住区植物景观配置的主要素材，在配置的过程中先要考虑灌木植物的配置能否使居住区内的绿化景观功能达到实用、经济、美观相结合的效果。将灌木和乔木树种进行合理配置，不仅能创造出优美的林缘线，使居住区的绿化呈现出时尚的氛围，而且能有效提高居住区内景观设计的层次感，除此之外，还能有效改善居住区内的植物群体密度。在居住区内灌木的具体配置中，可以使用乔木作为绿化配置的背景，因为乔木颜色单一，配合种植不同颜色的灌木能够使植物配置发挥出最大价值，从而突出灌木的观赏效果。

例如，在居住区灌木景观配置中，通常利用常绿云杉作为背景，在灌木植物的前面配置榆叶梅（见图5.33）、碧桃（见图5.34）等红色调小型灌木，可以使观赏效果达到最佳。但是，由于灌木植物过于鲜艳，所以可将其与其他的地被植物或草坪进行配置。此外，可以利用地被植物或草坪作为背景，在其上面配置连翘、月季、黄素梅等黄色系灌木，这样的树种配置可使整个景观颜色搭配更为合理，克服色调单一不足的缺点，还能起到相互衬托的作用。

图 5.33　榆叶梅

图 5.34　碧桃

4. 小乔木在植物景观的配置

小乔木在居住区的植物搭配中，位于灌木之上，较灌木片状种植不同，常以点状形式配置。小乔木在高度上通常指 2～4m 的乔木，这类乔木与大乔木（高于 4m）相比较，显得比较亲人，与居民会存在更多的互动。如樱花树（小），在春季开花时，会吸引大量的人流与之拍照留念，因此在设计中可提前预留人与植物互动的场地。为了保证小乔木最长的花期，不受人为破坏，可在小乔木底下种植不同色系的灌木，如黄素梅，用于避免花瓣受到破坏。小乔木在树形的选择上，还应注意避免与大乔木树形相同，如大乔选择伞形，而小乔尽量选择圆柱形或倒卵形，这样可以在视觉上形成一种落差，让空间的线条美更丰富。

5. 大乔木在植物景观的配置

大乔木在居住区的植物设计中，起着控制全园的作用，它与居民的互动较少。如在赏花（合欢）、赏叶（枫树）的过程中，因大乔木较为高大，居民只能抬头去观赏，观赏时间和亲密互动时间较为短促。但正因大乔木有高大的特性，常在小区中形成独特的"小气候"，居民的活动行为也常会选择在大乔木下。在景观设计中，对于大乔木的配置选择，优先考虑当地树种，在保证成活率的同时还能达到最优性价比。在道路两侧和活动场所（如运动区、儿童游乐区）中，应选择冠幅较大的乔木，使其具有遮阴效果，如樟树、羊蹄甲、栾树等。在植物搭配中，大乔木通常用作背景，作为植物线最高的层次，选择针叶类乔木，则会让整个大空间有通透性，通常用作居住区半开放半私密空间。若选择阔叶类乔木，乔木在空间上则类似"墙体"的作用，形成居住区中较为私密空间。

在进行乔木景观配置中，由于大乔木、小乔木具有不同的特点，所以要根据大乔木、小乔木在景观中的应用，适当地为其确定大乔木、小乔木在居民区内的种植地点，在这一过程中要保证在居民区内的周边空位进行乔木配置，从而完善小区内的绿化植物景观区域的结构及空间特性。乔木在居民区的景观设计中，主要起到后期辅助作用，并且通常由于大小乔木的特点不一，因此要根据居民区需要进行选择。

作 业

为一套庭院绿地设计出合理的植物配置，要求符合季相变化，并符合色彩变化。

第六章 居住区小品及设施设计

学习目标：
（1）认识居住区环境中的小品，有意识地设计小品并使其具有人性化。
（2）了解居住区小品及设施的分类，并能按照规范进行设计和应用。

本章要点：
（1）居住区小品及设施的种类。
（2）居住区小品及设施的规范。
（3）居住区小品及设施的设计应用。

本章引言

居住区小品及设施是构成居住区景观空间不可缺少的元素，能够直接体现地域的历史文化、社会特色、自然环境，同时能够体现出居住区的生活品位，为居民物质文化和精神文化生活提供更多的趣味。

第一节 雕塑小品

雕塑小品从轴架上体量较小的艺术雕塑走向美术馆，又从美术馆走向公众园林，再从公众园林走向离居民生活最近的居住区。这一发展历程，不仅使雕塑小品的艺术内涵更加丰富，而且使园林景观中增加一道独特而亮丽的风景线，从环境艺术方面提升了居民的生活品质。

一、雕塑小品在居住区中的功能体现

一个好的居住区环境，除了满足居民基本的出行、娱乐、休闲等功能外，还应该在人文思想上引领居民的审美，满足其精神文化需求。雕塑小品在居住区中不仅具有实用性，它还具有公共参与性、文化性、公众性和连接性这些功能特点，可以起到改善整体空间环境的作用。

1. 公共参与性

公共参与性是指居民在园林中与雕塑的互动体验，强调居民与雕塑小品的近距离感受，其中的互动方式包括嗅觉互动、触觉互动、视觉互动等。

2. 文化性

雕塑小品的文化性反映了居住区对文化的一种态度，因为不同的居住区有不同的人文背景定位。在居住区雕塑小品的设计中，应结合居住区的人文精神环境来设计符合特定主题的文化性雕塑，以便居民足不出户也能感受到艺术的魅力。

3. 公众性

由于居住区的居民来自社会不同的层次，具有不同的职业和年龄构成，所以其审美感参差不齐，对美的理解也不尽相同。在居住区雕塑小品的造型上，应做到全面考虑，符合公众的审美能力，将艺术性和公众性相互结合，真正做出一个能为大众所接受的雕塑小品。

4. 连接性

雕塑小品可使用同一主题做一整套作品，以分布式的方式出现在居住区的各个空间中，起到连接居住区各个空间的作用。将雕塑小品放在各个空间的重要位置，不仅能够在空间中起到点题的作用，而且能作为纽带把不同的空间串联起来，将居民顺理成章地从一个空间中带入另一个空间。

二、雕塑小品在居住区中的材料表现

雕塑小品的材料丰富多样，石材、木材、玉、钢铁、陶、玻璃等都是常见材料。这些材料都可以雕刻出精美的雕塑小品，使得园林更具有自然艺术之美。

1. 石雕（见图6.1）

利用石头创作出来的雕塑小品给人以厚重的体积感，在空间上容易形成强烈的视觉对比。大理石、花岗岩、砂岩、青石等是园林景观中常用的石雕选材。

2. 木雕（见图6.2）

楠木、沉香、樟木、红木等是园林景观中常用的木雕选材。园林景观中木雕常结合建筑形

态作为雕塑小品，如门廊、窗、牌匾等；或以根雕的形式大体量地出现在园林空间中，作为观赏重点。

图6.1 石雕

图6.2 木雕

3. 玉雕

玉实际上是石头的一种，但其表面光滑、略带透明感、色彩纯粹，是石头的精华。玉价格昂贵，人们通常将玉雕刻成各种精美的图案。在园林景观中，玉的应用非常少，即使用到也不会大面积地使用，而常以展品的形式出现，能够起到画龙点睛的作用。

4. 钢雕（见图6.3）

钢材常作为建筑材料，因为现代冶炼技术成熟，钢材物美价廉。园林景观中一般利用钢材的可塑性，把钢材设计并焊接成大小不一、形状各异、弧度不同的雕塑作品。钢雕在国内很流行，受到广大群众的喜爱。

5. 陶塑

陶塑是由泥土捏造雕刻，最后在窑中烧制而成的。它透露出的自然美感往往能与环境结合达到和谐统一的效果。

6. 玻璃雕塑（见图6.4）

玻璃雕塑只有外轮廓，若隐若现，能把自然的美景"装"进玻璃里，形成借景的效果，其他雕塑小品不具备这种功能。

图6.3 钢雕

图6.4 玻璃雕塑

三、雕塑小品在居住区中的形态运用

1. 人物雕塑

人物雕塑是指以人物形象为雕刻模本，还原或再创作而成的雕塑作品。人物雕塑分为两大类：一是当代或历史伟人、名人的雕塑（见图6.5），以人物或人物故事的形式给居民传达爱国爱民或团结友爱等精神，主要对居民起到教育宣传的作用；二是神话人物的雕塑，可以满足居民祈求保护的心理。

【人物雕塑】

2. 动物雕塑

动物是人类的朋友，更容易赢得小朋友的喜爱。很多园林雕塑中都会利用到动物作为雕塑元素（见图6.6），或以某一种动物作为主题，以不同的造型贯穿整个居住区；或以数种不同的动物作为一组，模拟大自然和谐相处的情境。

【动物雕塑】

图 6.5 人物雕塑

图 6.6 动物雕塑

3. 抽象雕塑

抽象雕塑（见图6.7）是后现代主义的象征，它以几何、线条的形式来表达更深层次的含义。从抽象雕塑作品的外观形象上看，它往往还带有很强的视觉冲突，会给居民带来眼前一亮的视觉感，也符合时代特征。

【抽象雕塑】

四、雕塑小品在居住区中的空间搭配

在居住区景观中，雕塑小品可自成一体独自组成景色，也可与建筑、景石、植物、水景、地形等景观元素搭配。

1. 雕塑独自成景

【雕塑独自成景】

雕塑独自成景是指仅有雕塑一种形式构成园林的中心或重心，可以是单个雕塑或成群雕塑组合，不与其他景观元素搭配。独自成景的雕塑较为纯粹，在视觉上能更好地突出雕塑的主题。但独自成景的雕塑较为单调，因此可通过不同雕塑的组合，从形态、位置上进行变化来打破枯燥感。

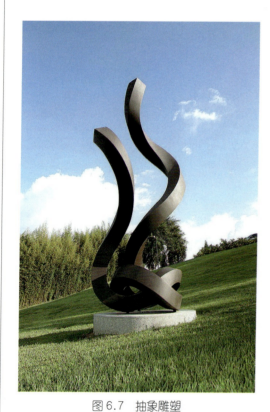

图 6.7 抽象雕塑

2. 雕塑与建筑搭配

雕塑小品常与建筑融为一体进行搭配，如廊亭的飞檐部分会雕刻龙、凤、狮、天马等。一些建筑的窗户或门头会雕刻一些故事人物或寓意吉祥的鸟兽，这些雕刻通过建筑表面的凹凸变化，使得建筑更富有立体感和艺术感。

3. 雕塑与景石搭配

石雕可以表达人们的思想情感，也可以通过加工自然成景，如太湖石就是经过河流和土壤的侵蚀而成的。人工石类型的雕塑小品可与自然类型的雕塑小品相结合搭配。处理这些景石的手法有独置、叠置和散置，常常将石头放在视觉的焦点或视线的终端。自然的粗犷与人工的细腻相结合，能够让观赏者更好地对比人工美与自然美的差异。

4. 雕塑与植物搭配

雕塑与植物的搭配通常有两种形式，即作为场景中雕塑小品的主景或配景。当植物作为雕塑小品的主景时，通常利用植物的可修建性，将植物修剪成与雕塑有共同主题或共同趣味的形式，与雕塑小品一起完成场景所要表达的故事内容；当植物作为雕塑小品的配景时，会选择一些形态较好的乔木或高灌木搭配在雕塑小品的后方，作为背景。

【雕塑与植物搭配】

5. 雕塑与水景搭配

在水景中放置雕塑小品，水体空间常常不会显得单调乏味，有趣的雕塑小品还能给整个水体空间加分。雕塑小品通常会放在水景的中心位置，若是想表达安静的空间效果，雕塑小品与水之间会有距离，常将台基放在雕塑小品下方让其屹立在水面上；若是想让雕塑与水景创造出互动、跳跃的空间效果，常将雕塑本身丰富的形态造型作为水体的构架部分，让水体从雕塑上流淌或从雕塑内部穿过，形成流动喷涌的水体效果，以丰富水景的表现形式。

【雕塑与水景搭配】

6. 雕塑与地形搭配

雕塑与高低起伏的地形搭配，可加强雕塑的视觉效果，形成强烈的对比。例如，可利用微地形的设计使得雕塑在空间中具有律动感；在抬高的地形上放置纪念性雕塑，可加强观赏者的敬畏感；在凹下去的地形周边设计一圈雕塑，让雕塑加强凹地形的围合感，可让整个场地更具亲切感。

第二节　信息标志

一、信息标志的定义

信息标志通常以独立的个体出现在景观空间中，以特定的文字、图像、色彩、尺寸等组合形式来给人们传递事物信息、精神内容或警示标语等，来弥补景观空间中无法表达的信息。信息标志主要起到快速、直接传达信息的作用。

二、信息标志的分类

1. 按信息标志的作用分类

（1）引导标志（见图 6.8）。引导标志给人们传递导向信息，快速地指引方向，通常出现在十字路口、大厦入口或较为错综复杂的场地。好的引导标志，能够让人清楚自己所在的地理位置，快速地判断下一个目的地的方向，从而减少停留等待的时间。它既能够避免出现拥堵情况，也能让人们更好地参与园林活动。

（2）宣传标志（见图 6.9）。宣传标志通过标志的内容起到科普知识、文化宣传、思想传播、

【引导标志】

图 6.8　引导标志

会议精神传达等作用。这类标志通常会放在人流密集或有教育意义的文化空间，如居住区中的文娱设施场地或出口必经之地。

（3）说明标志。说明标志通过标志的内容来解说某一物体或某一场所的名称、含义、精神等方面信息，起到解释说明的作用。这类标志通常通过雕刻、标牌、石碑、广告牌等形式来表现，如旅游景区中的历史介绍、文物介绍或空间介绍等。

（4）警示标志（见图6.10）。警示标志用来提示禁止人们去做某些事，或提示该地段存在危险性，希望人们能在警示标语活动范围内活动，如"禁止游泳""小心落水"等。

图6.9　宣传标志

图6.10　警示标志

图6.11　提示标志

【提示标志】

（5）提示标志（见图6.11）。提示标志与警示标志有相同的地方，都是希望人们不要去做某些事。但是，提示标志不涉及危险性事物或行为，通常为了避免人们的破坏行为会给公共景观造成损害而进行提示，如"芳草萋萋，踏之何忍？"等。提示标志带有公益宣传性质，用以规范人们的行为活动，维护园林的正常秩序。

2. 按感知的方式分类

（1）视觉标志。在正常情况下，视觉传递的信息最直观明了，大多数园林标志通过视觉感知的方式给人们传递信息。人们通过视觉感知来识别标志中的文字、图形、色彩等信息传达的内容。

（2）听觉标志。如果说视觉标志是一个点或线，那么听觉标志是以"面"的形式铺开的。听觉标志具有及时性和延续性，它相对于视觉标志来说覆盖面更广，无论人们接受与否，都会以声音的形式传播，起到即时传递信息的作用。但是，听觉标志没有实质性的载体，人们很难通过声音形式想象出色彩、体态、尺寸等信息，所以给人的印象不深刻。

（3）触觉标志。触觉标志是通过人与信息标志互动而产生的一种感知，可以是摸、按、滑动、按压等方式。触觉标志对载体有较高的要求，且不同的载体会给人不同的感觉，如同样是触摸，钢材给人以冰冷的感觉，而木材让人感觉到舒适。如今在园林景观中，触觉标志应用最广泛的是盲文标牌，一些视觉有障碍的人士会通过读取盲文，了解相关信息，从而得到更好的体验。

（4）嗅觉标志。嗅觉标志在园林景观中应用的范围很少，它通常是无形的，以植物作为载体出现。不是所有的植物都可以作为嗅觉标志，需要植物本身能够散发出淡淡的清香，对人们进行方向引导。但植物都是有季节性的，所以嗅觉标志不是全年全时间段作为信息标志，它具有阶段性功能。例如，桂花飘香，人们可以通过香味寻找到桂花园；若桂花树作为行道树，人们可根据香味进行导向。

三、信息标志在居住区中的设计应用

1. 材料的应用

（1）石材。用作信息标志的石材，通常会采取体量大的天然石材，它具有不容易被损坏、自成一景的特点（见图6.12）。石材作为信息标志时，需在上面雕刻文字，必要时可人工雕琢纹理以增加美感。考虑到石材的重量及价格，最好就地取材，以节约成本。但石材因成本较高，所以放在入口处作为地名较多。石材也可放在重要景点用作名人的题壁，通常能起到点景的作用。

（2）合成材料。合成材料运用较多有PVC板，塑料、钢化玻璃、亚克力、电子材料等（见图6.13）。它的优点是成本低，施工简单，易于加工，因此常被广泛应用于园林标志中制作，如指示牌、LOGO牌、路牌等。合成材料类标志需要大量遍布于园林中，属于散状分布。

图6.12 石材标志

图6.13 合成材料标志

2. 文字及字体颜色的应用

文字是传递信息的主要表现手段，比图形更具有准确性。绝大多数信息标志都是靠文字来传递的，但文字在信息标志中如何使用，要从字体的选择、文字与底板的颜色上来决定。

（1）字体的选择。我国的汉字艺术博大精深，汉字用作发布信息、路标、地图等这类直接传递的信息时，通常会选择黑体、仿宋体等，因为这类字体的特点是易于快速识别；用作牌匾、门头的汉字，通常会选择隶书、草书、行书等艺术特征较强但不易识别的字体（见图6.14）；而在需要标注外文的信息标志中，通常会采用无衬线字体，这类字体具有简洁、明快的特点。

（2）文字与底板的颜色。在通常情况下，文字选择浅色或亮色，而底板会选择较深的颜色，从颜色的反差中突出文字，加强文字的识别性（见图6.15）。白色字体比深色字体更容易

识别，而深色底板比浅色底板更具有耐疲劳的作用。文字最易识别的比例为 1∶10～1∶6，其中，黑色字体采用 1∶6 的比例最佳，白色字体采用 1∶10 的比例为最佳。

 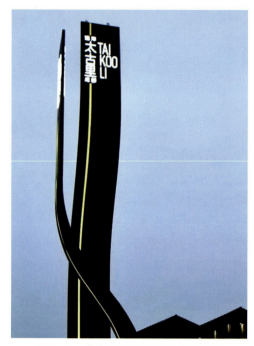

图 6.14　牌匾字体　　　　　　　　　　图 6.15　文字浅而底板深的信息标志

3. 图形的应用

图形可分为共用符号和设计符号（见图 6.16）。共用符号非常常见且广泛应用，不需要文字的解释就能让人明白其含义，起到了传递信息的作用。其中，某些图形不是共用符号而是设计符号，在每个特定的场所，设计师可根据自己的设计理念对文字或者符号再次进行提升设计，形成图案以表达特定的信息。但是，这类符号在小范围应用，可在局部加文字进行解释说明，以方便理解。

4. 色彩的应用

颜色本身不能代表任何信息，但是不同的颜色却能给人带来不同的心理暗示（见图 6.17）。常用作信息标志的有红色、绿色、黄色、紫色这 4 种，红色给人带来"禁止"的心理暗示，绿色给人带来"安全""可靠"的心理暗示，黄色会给人带来"警惕""注意"的心理暗示，而带有"放射性"的信息标志通常用紫色来提示。

5. 尺度的应用

在信息标志设计中，尺度的应用应符合以下 3 个要素：

（1）符合人体工程学。尺度应在人最佳的阅读视角，过高使人仰视产生不舒适的体验，过低则容易忽略信息标志的存在感。一般最佳的视线在 1.3～1.7m。

（2）各元素之间相互协调。在符合人最佳的阅读尺度的同时，要注意信息标志各个元素之间尺度的协调，如文字的大小与底板的协调、图形的大小与底板的协调等。文字、图形过大虽能看清内容但缺乏美感，若文字、图形过小则不易识别。

（3）根据信息标志的功能来确定大小。如"请勿践踏"这些提示标志，内容简单明快，在尺度的选择上会偏小；而公告栏、通告、解释说明这类所需要传递信息较复杂、文字较多的信息标志，则应选择较大的尺寸，但注意避免尺度过长或者过于弯曲，且阅读时应尽量避免头部扭动或来回行走。

图 6.16　图形标志

图 6.17　色彩标志（警告标志）

第三节　栏杆

一、栏杆的定义

在古代，当建筑水平提高之后，房屋的建造不再局限于平房，而是向高层发展。这样，衍生出了最初的栏杆的概念，即为了防止人从高处坠落而设计的障碍物。但是，这种障碍物只是为了保护人的安全，而不是为了方便人欣赏风景，所以在栏杆的样式上多采用镂空形式，以简单的结构达到保护的目的，通常应用于亭、台、楼、阁中，且材料多为木质。

二、栏杆的功能

1. 保护功能

有的人在游园的过程中会产生抵触心理，对景观避而远之，而有的人则有探险精神，置身于山体、湖泊边缘的危险之中。因此，栏杆在园林景观中显得至关重要。好的栏杆设计，能清晰地划分安全地带与危险区域，规范游人的行为活动，让游人产生安全感，能更好地体验景观。

2. 划分空间功能

同一个景观空间通常会承担不同的功能职责，如休息、聚会、游玩、运动等。若是将这些行为活动混乱地放在一起，则会使游人产生不好的体验感，想休息的地方却嘈杂，想运动的地方被占用了空间。为了能让各种空间的功能更加明确，通常会采取栏杆的形式将空间进行有效的划分，让游人明白各个空间分区的界限，以便在规定的范围内从事相应的活动。

3. 自成一景功能

任何景观元素都可以自成一景，栏杆也不例外。栏杆可以通过材质的自然属性表现美，如木头的纹理、石材的粗犷；也可以通过精湛的技艺表现，如将铁艺加工成精美的图案，或将石材雕刻成吉祥动物；还可以与其他的景观要素结合构成一景，如与植物的结合既具有隔离带的功能，也具有绿化带的功能。

三、栏杆的材料

1. 木材

木材可分为天然木材和人工木材。天然木材表面纹理丰富，色泽多样化，作为栏杆时触摸质感温和，深受游人青睐（见图6.18）。天然木材具有易加工的特点，是室外材料的上选，但其耐腐性、耐水性差，为了使其具有较长的观赏性，一般应作防腐、防水等处理。人工木材通常称为塑木，是一种为了仿木材纹理、色彩、质感等而制作出来的材料，由多种材料通过化学原理人工合成，其耐腐性、耐脏性、耐水性都优于天然木材，具有维护费用低、使用寿命长的特点。

2. 石材

石材可分为天然石材和人工石材。天然石材多为花岗岩、大理石等，它们具有坚硬且耐自然腐蚀的特点，制作成栏杆会表现出粗犷、浑厚的质感，但不易加工。人工石材多由混凝土或钢筋混凝土，加工而成，其可按设计要求加工成各种各样的形态（见图6.19）。

图6.18　木材栏杆

图6.19　石材栏杆

【铁艺栏杆案例】

3. 金属

金属栏杆常用铁、不锈钢、铝、铜等金属材料制作而成（见图6.20）。这些材料具有容易加工等特点，所以由金属材料制作的栏杆样式都较为丰富，体态都较为细腻、轻巧，通透感较强。

4. PVC/UPVC 材料

PVC/UPVC 材料较为新颖，体现了新材料、新技术的特征。PVC/UPVC 材料多为中空，具有易加工的特点，且表面光泽亮丽不易褪色，便于组装与拆卸，常与植物组合用作车行道隔离带（见图6.21）。

图 6.20 铁栏杆

图 6.21 PVC 栏杆

四、栏杆的设计

1. 合理的尺寸设计

（1）高度设计。栏杆的高度分为低、中、高 3 个级别，分别按照栏杆的功能需求来设立。

① 低栏杆用于草地、花池、树池这些带有提示性的栏杆设计，设立与否都不具备危险性，只是提示游人不要跨越（见图 6.22）。因此，低栏杆的高度通常在 0.3～0.4m，尽量用波段起伏的造型起到提示与装饰作用，不影响人的视线与行走。

图 6.22 低栏杆

② 中栏杆最主要的功能是保护和防坠落，高度需要超过人体的重心。根据亚洲人的平均身高，栏杆的有效高度（栏杆有效高度：按照水平面与栏杆顶部的垂直距离计算，有踏板的情况应从踏板水平面开始计算）应设立在1.1m以上，才能超过人体的重心，防止人体发生坠落危险，这种高度同时也能作为扶手功能，方便游人在眺望远处或登高时的依靠，给人以安全感的心理暗示（见图6.23）。中栏杆还应根据场地功能进行加高处理，如险峻的山峰、危险的禽兽围栏都应适当地增加高度。

图6.23　中栏杆

③ 高栏杆主要起到防止攀爬、翻越的作用，高度通常要高于人的身高，给人以难以翻越的心理提示（见图6.24）。根据一般人的身高，高栏杆设在2m以上较为合理，可以根据危险性适当增加高度，也可以在栏杆的造型上（如顶部、中部、底部）增设一些较为尖锐的杆件警示人靠近或攀爬。但是，在高栏杆的设计上，横向杆件便于攀爬，所以尽量避免在高栏杆的造型上使用。

图6.24　高栏杆

(2) 长度设计。长度分为总长度、模块长度和净空长度。

① 总长度。栏杆的总长度应根据需要设立栏杆边界的长度范围来设定，应等于或大于所需要设立栏杆边界的长度，避免出现栏杆过短或中间缺失的情况。

② 模块长度。栏杆如果是以模块的形式重复形成的，则单位模块的大小应有所控制，过长容易出现受力问题，并且在更换单位模块时成本相对较大；也不宜过短，过短会增加成本且不美观。合理的单位模块应控制在 1～5m，结构性较强的金属栏杆可考虑在 4m 左右，但不宜超过 5m；而自重较大的石栏杆选择在 1.5～2.5m 居多，太长则会出现负荷过重的问题。

③ 净空长度。低栏杆无须考虑净空长度，可按照设计的美观性决定；而中栏杆和高栏杆涉及安全问题，可钻空的地方净空长度若超过 0.14m，小孩则有可能通过缝隙钻出去，会发生危险。

2. 合理的位置布置

(1) 平地。平地上栏杆的应用体现在提示与空间分割。例如，在树池、花池、草地边界，为防止人践踏青草或采摘花卉，会设立低矮栏杆作为提示；或仅作为空间的划分，以栏杆的形式进行隔断。

(2) 桥。桥是作为连接两个无法达到的地区而建设的交通平台。无法到达彼岸的原因有两种，即存在深渊或水体，因此常以索桥、拱桥、平桥的形式进行连接。无论是哪种形式的桥，桥下都具有一定的危险性，都有设立栏杆的必要性。

(3) 山体。登山过程中的险峻与登顶后的快感都是游人所追求的意境，但随着山体的增高，登山的危险性也随之增加。在山体设立栏杆，最好避免采用竹子这类较为轻盈的材质，应选取金属、石材等较为稳重的材质，能让游人更具安全感，同时可作为登山时的扶手。

(4) 水体。人都愿意亲水，水体的设立能增加游人对园林的喜爱。但在水体设计中，超过 0.3m 深的水都应设立提示语或低栏杆，超过 0.7m 深的水则需要设立中栏杆，让游人保持与水的距离。

(5) 高楼。高楼栏杆通常会结合台阶或平台使用。登上有落差的空间后，台阶的两侧应设立栏杆起到防护及扶手的作用。在二楼及以上的楼层，若出现眺望平台，则应以栏杆的形式进行围护，划定空间安全界限。

第四节 台阶

一、台阶的定义

台阶由景观材料堆砌而成，通过踢面和踏面的不断交换，供游人在竖向空间中安全行走。台阶最初是为了解决上下落差而筑的，后来逐渐形成多种表现形式及衍生功能。

二、台阶的功能

1. 解决空间高差的功能

为了丰富景观空间的效果，高低变换的竖向空间能给游人带来新颖、好奇的心理，比起毫无变化的平地，更能吸引游人的游览兴趣。而连接两个具有落差的空间，坡度和台阶是最常用的解决空间落差的手法。一般规定，若坡度大于 8% 或角度大于 15°，则必须设立台阶。台阶作为解决较为"陡""急"的空间落差尤为重要，它能在解决落差的同时，为游人提供更为安全、舒适的行走体验。

2. 过渡空间的功能

从一个空间到另一个空间，人的心理、身体都会发生变化。台阶处于两个空间的中间地带，担负起两个不同空间的过渡功能。正确地处理台阶的过渡功能，能使人在心理上顺利地结束第一个空间的行为感受，而对即将达到的下一个空间进行心理暗示；同时，能使人在身体上得到缓冲，而不会在通过台阶的过程中感到累。

3. 分割空间的功能

台阶既可以被看成两个不同空间过渡的媒介，又可以当作每个空间的边界线。它通过落差有效地将两个空间进行分割，使两个空间能完全地行使各自的功能而互不受干扰。

4. 引导视线的功能

无论是简单还是复杂的空间，台阶都能在空间各个元素中脱颖而出。它能吸引游人的视线，成为视觉焦点并引导游人行走的方向。因此，在空间塑造中，若想将某一部分着重处理成为空间的重点，则利用若干层台阶将空间抬高可达到目的。

三、台阶的设计

1. 台阶的设计原则

（1）人性化原则。台阶设计的人性化原则可分为3点：一是尺寸的人性化，要求台阶的长、宽、高都符合踏步时的最佳需求；二是材料的人性化，材料的选择应在牢固的基础上满足舒适的体验感；三是附属配备的人性化，台阶不应只有踢面和踏面，还应配备其他附属的元素，如可作为休息或表演的平台、辅助上下行走的安全栏杆、供观赏的小品、提示落差的灯光。

（2）生态性原则。生态性原则是指材料的选择上优先选择透水性强、环保性强、可回收性强的材料，在空间的塑造上结合植物增加平面和立面的绿化率。

（3）协调性原则。协调性原则是指台阶在造型上、材料上、风格上、色彩上都应与周边环境融合，不应太突兀。

（4）个性化原则。个性化与协调性不是对立面，而是相辅相成的关系。台阶的设计应在与周边环境协调的前提下，结合当地风俗、民族文化、空间特性等做到个性化。

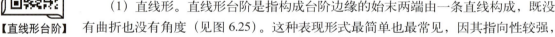
【直线形台阶】

2. 台阶的平面形态设计

（1）直线形。直线形台阶是指构成台阶边缘的始末两端由一条直线构成，既没有曲折也没有角度（见图6.25）。这种表现形式最简单也最常见，因其指向性较强，

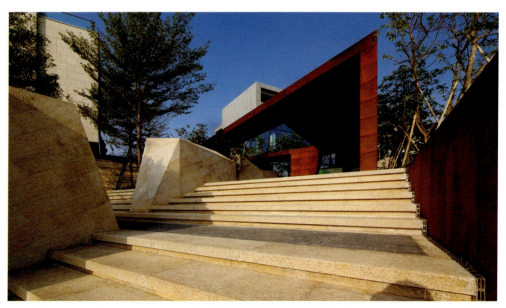

图 6.25　直线形台阶

可适用于交通性台阶；同时，直线形台阶易创造出庄严、肃穆的空间气氛，也常适用于纪念性空间。

（2）折线形。折线形台阶是指构成台阶边缘的线段由两条以上的直线组合而成。若每条折线顺着同一方向形成角度，则具有向心性，可组合成围合空间；若每条折线方向不一致，则空间感较为随意，适用于较为活泼、有趣的空间。

（3）曲线形。曲线形台阶是指构成台阶边缘的线段呈圆弧形式。若圆弧只有一个圆心，则可形成围合空间，舞台、剧场等观演空间常采用这种形式；若由多条圆弧构成且拥有多个圆心，则发散性较强，空间动感强。无论是由一个圆心还是多个圆心构成的曲线台阶，都会使游人产生柔和的心理感受（见图6.26）。

【曲线形台阶】

图6.26　曲线形台阶

（4）复合形。复合形台阶是指构成台阶边缘的线条形式不单一，由两种以上线条组合而成。这种形式灵活性强，适用于较大型的空间（见图6.27）。复合形台阶可将大空间按功能需求划分出不同的小空间，根据小空间不同的空间性质运用不同的线条。

图6.27　复合形台阶

3. 台阶的尺寸设计

台阶的尺寸既关系到游人的体验感，也决定了空间的高度变化。合理的台阶尺寸，不仅能有效地防护行人在向上或向下过程中发生危险，而且能缓解行走过程中的疲惫感，同时，在符合人体工程学的尺寸下，还应能顺利消化两个空间的落差。

台阶的尺寸在设计时应注意以下几点：

（1）主要用于通行功能的台阶尺寸，踢面应为120~150mm，踏面应为300~350mm，这样才能快速有效地达到通行目的。

（2）用于观赏、休息带有座椅功能的台阶，可适当增加踢面和踏面的数值，让游人坐得更为舒适。踢面可增加至200~350mm，踏面可加宽至400~600mm。

（3）当台阶级数小于2级时，通常用缓坡消化落差，不设立台阶。

（4）当人在通过大于18级台阶时，身体会产生疲惫感，若在台阶原地休息，踏面会导致站立时的不稳定感，也会阻碍其他人通行。因此，常将踏面宽度增加至1m以上，作为平台用作短暂休息。

（5）当台阶级数相加高度大于1m时，应设立栏杆防护。

4. 台阶的材料选择

（1）硬质材料。由硬度强、耐磨性高的材料堆砌而成的台阶一般采用混凝土、沥青、石材、砖材等硬质材料。硬质材料有安全系数高、使用寿命长、平整度高的特点，适用于人流较大、使用频繁的台阶。

（2）软质材料。由硬质材料组成的空间相对粗犷、生硬，而由软质材料组成的空间则呈现出精美、细腻的质感。植物与木材的搭配是软质台阶常用的组合方式，适用于较为休闲、舒适的慢节奏空间。但应注意，软质材料台阶受破坏和后期维护的频率较高。

5. 台阶与其他元素的搭配

（1）台阶与艺术作品搭配。将艺术作品放于台阶的最高处，可利用台阶吸引游人视线的功能，将游人的焦点与好奇心聚集在某一点，增大艺术作品的吸引力与感染力。同时，台阶的抬高作用可提高艺术作品的品质，使人易产生瞻仰感。

【台阶与水景结合】

【台阶与植物的结合】

（2）台阶与植物搭配。在横向较长的台阶中，通常会采取与植物搭配的方式，目的在于：一是可以用植物起到分割空间的作用，如在台阶中央纵向地放置一排绿化带，可对行人上下行走方向做出限定，有效地提高流通速度和安全保障；二是大面积的台阶也就意味着大面积的硬质铺装，在视觉效果上会乏味，采取与植物搭配的方式，既能解决审美疲劳，也会产生宜人的小气候。植物在台阶上的表现形式很多，常以不同尺寸的树池、花池结合地形使用。

（3）台阶与水景搭配。水景表现可分为静水和动水。静水是在台阶的横向以水池的形式表现，水池无高差，呈现水的静态美。静水多设计在台阶的某一平台，用于休息时停留观赏。动水是利用多级台阶自上而下形成的水流。水流的大小与台阶的踢面尺寸相关，尺寸越大，水流越急；尺寸越小，水流越缓。踏面的尺寸影响水流层层下跌的效果，踏面越宽，水流在台阶上层层跌落的视觉感越强；踏面越窄，则削弱了台阶的层次感，达到一定程度时可形成水幕墙。

第五节 种植容器

一、种植容器的概念

种植容器是指利用大小不一的器皿将植物栽种于内的器皿，其形式和材料多样化，栽种植物包括乔木、灌木、地被等具有高观赏价值的种类，可孤植或组合种植。

种植容器以盆栽的形式出现有着悠久的历史，我国古代将罗汉松制作盆栽用于观赏，西方国家用盆栽种植柑橘等生产类植物。如今，城市化用地越来越紧缺，种植容器能有效增加绿化面积，因而被广泛应用。

二、种植容器的优点

1. 灵活性强

在居住区中，常因地块局限而无法种植绿化。此时，采用种植容器的设计手法，可在短时间内弥补绿化缺陷，达到美化空间的效果。同时，在一些节假日，种植容器能灵活地满足花卉的布置。

2. 造型多样化

种植容器可采用不同材质和不同植物构建而成，这些材质与植物多样化的组合方式形成了种植容器造型多样化的优点。

3. 应用范围广

种植容器在园林景观中应用广泛，它可用于居住区道路、广场、水景及墙体绿化，不仅能增加绿化面积，而且能为空间提升艺术效果。

三、种植容器的作用

1. 增加园林绿化面积

种植容器是一种可移动的绿化形式，它通过容器以竖向空间的种植方式增加了居住区的绿化面积。由于种植容器中的植物可替换性强，所以在冬季大多数植物凋零时，种植容器中的植物可换成时令花卉或冬季常绿植物，可以增加冬天的活力。

2. 具有观赏装饰作用

种植容器中的植物通常会根据茎、叶、花、果的特点来选择，如注重植物的造型美，注重植物的花形花色美，注重植物的果实美，注重植物的枝干美等。将植物种在种植容器中进行重点修饰，能美化并点缀整个空间。同时，形态不一、材料各异的种植容器本身搭配植物也能起到观赏装饰作用。

3. 组织交通

在居住区道路中，常将种植容器放置在道路中轴线作为车行道与人行道的分割。种植容器的分割作用既能够有效地管理车辆通行方向，也能保证行人的安全。同时，种植容器形成的绿化带能阻隔对方车辆夜间灯光的干扰，还有利于引导司机视线的方向。

四、种植容器的选材

1. 木质材料种植容器（见图6.28）

木质材料是最能融合自然的一种材质。木质材料种植容器常选用松柏等较为坚硬的木材制作，达到美观、耐久的效果。

2. PVC材料种植容器（见图6.29）

PVC材料制作种植容器，形状、颜色可塑性强，能够结合场景达到很好的景观效果。但是，PVC材料环保性能较差，耐热性差，也不透气，这些因素都会影响植物的生长。

3. 石材种植容器（见图6.30）

用石材制作种植容器，大多选用花岗岩、大理石等，常以花钵的形式体现。但是，石材种植容器因体量大、造价高的特点而不会大面积使用，只能以点状的形式在重点空间中进行强调。

【石材种植容器】

4. 陶瓷种植容器（见图6.31）

陶瓷常用作传统的家用盆栽容器，材质易碎，不宜经常搬动。未上釉的陶瓷透气性和透水性强,适合植物的生长,多用于乡村风格的景观空间;上釉的陶瓷透气性和透水性相对较差,但如果表面绘制精美的图案,则带有中国古典风格韵味。

图 6.28　木质材料种植容器

图 6.29　PVC 材料种植容器

图 6.30　石材种植容器

图 6.31　陶瓷种植容器

5. 金属种植容器(见图 6.32)

金属种植容器一般选用铁制容器,外观简洁大气,可铸成各种精美的造型,给人以冰冷、有力、坚硬的感觉,工业风较强。

6. 毛毡布种植容器(见图 6.33)

由毛毡布制作成的种植袋是近年来较为流行的一种种植容器。在我国,种植袋的材质多选用毛毡布,具有耐腐蚀、耐紫外线、不易燃烧等多种环保特点,且使用寿命均在 5 年以上。

图6.32 金属种植容器

图6.33 毛毡布种植容器

五、种植容器的样式

1. 花钵

花钵是种植容器中较为常见的一种形式。通常，花钵底柱较小而盆口较大，体现了占地面积小而绿化面积大的特点。花钵的材料构成以石材居多，成本略高，可移动性较弱，通常摆放在空间的重要道路或重点出入口。花钵的摆放形式以列植和对称为主，在景观主干道或较为重要的入口一般以列植的形式摆放花钵；在重要的出入口、单元楼前一般以对称的形式在左右侧摆放两个花钵。无论是哪种形式，在景观中摆放花钵，都是对美的提炼，对空间的强调。

2. 花箱（见图6.34）

花箱是种植容器中应用最广泛的一种形式。花箱的形状多为矩形，将一种或多种花卉种植于内，以条状摆放于道路中心线或边界，或作为场地分界线。花箱制作选材多样化，木质材料、PVC材料、金属材料等均可制作成花箱，其中以PVC材料居多，因其成本较低，可移动性强。

3. 花篮（见图6.35）

花篮是种植容器中体量最小的形式，以篮筐的形式居多。花篮通常会挂在某一附属物上形成额外的观赏点，如悬挂在路灯、指示牌、墙壁上，结合不同的硬质景观小品点缀绿化，显得具有生气。因以悬空的形式出现，为了保证安全，所以花篮内种植的植物常选择体量较小的花灌木与轻质种植土，花篮也选择较为轻盈的材质制作。

4. 种植袋（见图6.36）

花钵、花箱、花篮都是以点或线的形式来增加绿化面积，而种植袋则以面的形式种植，极大地增加了垂直绿化的面积。种植袋以模块的形式出现，每一个模块就是一个正方形的袋子，都是独立的种植基盘。袋子尺寸一般控制在100～200mm，尺寸过大则可能因种植土及植物过多而导致袋子负荷过重断链；尺寸过小则可能因种植土过少而导致植物根系营养不足。

图 6.34　花箱

图 6.35　花篮

图 6.36　种植袋

第六节　景观照明设施

一、景观照明设施的概念

景观照明设施是指在园林景观中通过光源、灯具、配件共同达到基本照明和渲染场景气氛的设施。

（1）光源。光源一般指发光的物体，这里是指通过人工照明产生发光的物体。

（2）灯具。灯具是指把光源包裹住并承担支撑作用的物体。

（3）配件。配件是指除了光源和灯具以外的组成照明设施的其他构建，如电线、开关等。

二、景观照明设施的分类

1. 小区路灯（见图6.37）

小区路灯是小区最普遍的照明灯，通常布置在主要道路上，为居民提供基本的出行方便，具有导向功能。小区路灯在道路两侧分别布置，相互间距约15m。

图6.37　小区路灯

2. 庭院灯（见图6.38）

庭院灯是小区次要道路的常用灯。与小区路灯一样，庭院灯布置在道路两侧，也起着指引方向的作用。但不同的是，庭院灯高度较低，在0.3～1.2m，也称为低位灯，而且亮度相对较弱，作为一种辅助光源。

3. 地埋灯（见图6.39）

地埋灯是一种与铺装平面等齐并镶嵌于铺装内的照明设施，不影响行人的通行。地埋灯有规律地布置能起到交通引导作用。地埋灯的形状一般采用圆形和长条形，经常用作广场装饰照明。

图 6.38 庭院灯

图 6.39 地埋灯

4. 投射灯

投射灯是一种为渲染气氛而制作的灯光。投射灯的灯光颜色较为丰富，常用红光、黄光、绿光、蓝光强调建筑物、植物、小品的外观特点，能吸引行人的目光。

5. 壁灯（见图 6.40）

壁灯是需要依靠建筑物外立面而制作的垂直照明灯光。它能清晰地勾勒出建筑物的外轮廓，营造出雄伟的气势。

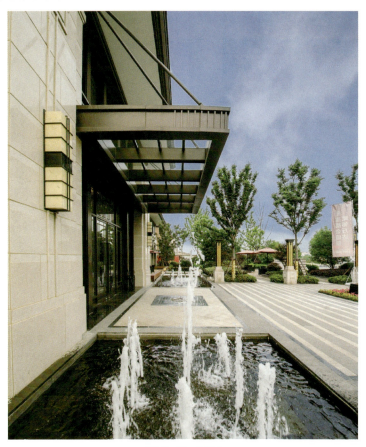

图 6.40 壁灯

6. 水池灯（见图 6.41）

水池灯根据动水与静水为夜间水景增添美化效果。水池灯的照明设施较为复杂，外观要求具有较强的防腐性并作加压水密处理。

图 6.41 水池灯

7. 草坪灯（见图6.42）

草坪灯用于渲染草地及其周边植物的夜景效果。为避免眩晕，草坪灯布置的位置应较低。

8. 泛光灯

泛光灯散发出来的光源具有无方向、高度漫射的特点，对物体的照射极为柔和。与壁灯类似，泛光灯可用于照射建筑物的轮廓。

9. 提示灯

提示灯用于在特定地段或夜间提示危险信号的照明设施。例如，在陆地与水池边缘布置提示灯，提醒前方是水域区域，避免行人落足；在平地与台阶处布置提示灯，提醒空间的落差，避免行人崴脚；等等。

10. 高杆灯（见图6.43）

在需要大面积照亮场地时常选择高杆灯。高杆灯较所有照明设施而言是最高的，通常在15m以上，亮度也是最强的，照明半径达到60m。

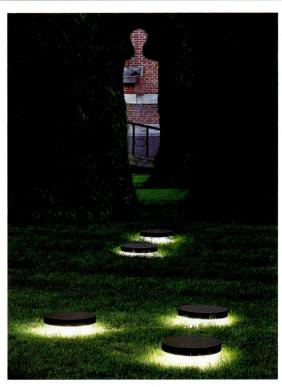

图6.42 草坪灯

11. 景观灯（见图6.44）

【景观灯】

景观灯不同于其他照明设施，其主要功能不是照明，而是空间装置小品。景观灯在园林景观中不会重复性出现，它是单一的个体起到空间装饰作用，常布置于广场中央作为重点景观。

图6.43 高杆灯

图6.44 景观灯

三、景观照明设施的应用

1. 在园路中的应用

（1）居住小区级道路照明。居住小区级道路承担了主要的车辆通行任务，在照明设施的布置上要以车辆安全行驶为前提，保证行驶过程中有充足光线。居住小区级道路照明要注意以下几点：

① 选择显性光源真实地还原物体的色彩，避免出现偏差。

② 常选择高杆灯，照明高度在8～12m，按照安装高度的3～5倍沿路布置。

③ 选择合适的灯罩，避免对住户产生光源打扰。

（2）居住区组团道路照明。居住区组团道路主要以人行为主，以车行为辅，同时兼顾装饰功能，因此有多种灯具类型可选择。居住区组团道路照明设施的安装高度不能超过旁边楼房的一半高度，也不能低于道路的宽度，在4～8m比较合适，按照高度的3～5倍沿路布置。

（3）游园路照明。游园路禁止车辆通行，是居民散步游园专用道路。游园路照明设施布置应给居民营造浪漫、幽雅、静谧的游园气氛，选择低位灯可避免光源直射，使用散射光源将柔和的光线融入园林中，可增加游园景色的亲切感。

（4）台阶类道路照明。台阶类道路在园路类别中较为特殊，它的高差性易增加危险系数，如与平地的突然落差易摔落，或因照明不足看不清下层台阶位置产生踏空现象。因此，在平地与台阶的交界处，除了对材质表面进行视觉提醒外，灯光照明也是重要的因素，可按照台阶的长度在台阶两侧依次布置照明设施。照明设施可藏于两侧的植物或小品中，也可结合台阶扶手进行照明点状布置，每个照明设施必须保证2～3级台阶的照明。若台阶的宽度过大，则将长条灯具嵌入台阶前部的凹槽。相对两侧照明而言，长条形照明更能全面地为台阶提供亮度，且具有绝对的隐蔽性。

2. 在植物中的应用

照明设施根据不同位置、不同光照强度、不同色温与植物相结合，可将植物最美的一面呈现出来，植物的视觉效果甚至比白天还好。

（1）孤植照明（见图6.45）。孤植是指在园林空间中单独种植一株乔木，通常会选择体态优美、树干挺拔等观赏价值高的植物。对于孤植，可采用射灯或地埋灯自下而上的照明方式，突出植物的夜间美。若想植物模拟白天的视觉效果，则可采用射灯自上而下的照明方式，射灯位置应在植物的斜上方，更能突出植物的立体感，表现整株的形体美。

（2）丛植照明。丛植可由不同株数的植物组合而成，需要表现的体量广、内容多。对于丛植照明设施不局限于单个或单种类型，可将地埋灯、投射灯、泛光灯结合使用，共同营造出轮廓与色彩搭配协调的视觉效果。

3. 在水景中的应用

（1）静水照明（见图6.46）。静水照明常采用自下而上的照明方式，将照明设施安装在水景底部，将灯光向上投射。这样做的目的在于：一来可使水在夜间变得清澈透明，增加人对水景的青睐；二来可使水面如同玻璃一样产生反射，将岸边小品、构筑物、植物等投影在水面上，形成夜间独一无二的景致。也可以在静水面上安置景观灯作为装置，既照亮了空间，又点缀了空间。

（2）动水照明（见图6.47）。动水有喷泉、涌泉、跌水等多种表现形式，应根据水的动势不同布置照明设施，辅助动水使其更具活力和朝气。动水照明通常在出水口或落水处附近安置照明设施，可使水流在"出"和"落"时更为生动，也可以通过水体的变化和音乐节奏的变化更换照明设施的色彩。

图 6.45　孤植照明

图 6.46　静水照明

图 6.47　动水照明

4. 在建筑小品中的应用

(1) 雕塑照明。雕塑通常是空间中的重点表现对象，较空间其他位置而言需要重点照明。雕塑照明设施应根据雕塑所表现的内容不同进行色彩的选择，如纪念人物雕塑可采取冷色调进行烘托强调人物的伟岸，动物雕塑可选择暖色调增添与游人的亲切感。若雕塑有正反面，可采用主要灯光与辅助灯光相结合的照明方式，如在人物雕塑的正面采用主要灯光烘托人物的五官与体态，在背面采用辅助灯光进行配合。主要灯光与辅助灯光的亮度比例应在3∶1，忌辅助灯光过亮导致喧宾夺主，也要注意主要灯光的位置摆放，避免出现雕塑局部曝光现象与正面产生阴影现象。

(2) 假山照明。假山与雕塑一样，也是空间中需要重点表现的对象。假山比雕塑观赏面大，从不同角度看有着不同的美感与意境，不需要过度的区分主要灯光与辅助灯光，更需要表现的是材质质感，因此常用显性灯光照射，以突出材质的真实感。

(3) 桥照明（见图6.48）。桥既是联系两岸的"道路"，也是水面上的一道风景线。桥的照明分两类：一类是基础照明，引导通行方向并提示桥与水体的界限；另一类是装饰照明，烘托桥的形态，增添空间的美感。

作为基础照明，照明设施应按照桥的长度依次布置在桥两侧。若桥的体量小，可在桥扶手上与桥身结合作为布置，若桥无扶手，可在两侧采用地埋灯的形式进行提示照明；若桥的体量大，照明设施应采用独立的照明设施，如高杆灯、路灯，以满足通行的基本照明。

作为装饰照明，照明设施可沿着桥的轮廓进行灯光布置，体现桥外形设计的独特；也可在桥底做灯光布置，表现出桥"硬质美"与水体"软质美"的对比。

图6.48 桥照明

(4) 亭照明（见图6.49）。亭作为居住区中必不可少的休息与交流空间，照明设施亮度应控制得恰到好处。亭的四面通透性较强，隐私性相对较弱。若照明过亮，在夜间与其他空间形成亮度对比，则容易吸引行人目光，进一步降低隐私性；若在夜间照明昏暗，会给交流或休息中的人带来空间的不安全感，甚至女生、孩童会产生恐惧感。因此，亭内部的照明应结合周边环境选择合适的亮度，照明设施若是在亭子内部，可选择在柱子中上部安放自下而上的照明，这样既保证了亮度也保护了亭下空间的隐私；也可将照明设施布置在亭外部的周边。亭作为建筑小品，外观造型也是重点打造的一部分。沿着亭的顶部造型布置灯光，可清晰地体现亭的风格、体量、质感。

（5）花架照明（见图6.50）。花架与亭的相似点很多，在居住区中都属于休息与交流空间，通透性强，其造型本身就是观赏的重点，所以照明方式与亭一样。但花架平面属于线状造型，便于短暂性休息与交流，同时起着交通引导性作用，因此，通常在花架两侧柱子上依次布置照明设施。

图6.49　亭照明

图6.50　花架照明

作　　业

（1）为新中式风格居住区设计一套信息标志。

（2）收集各种风格的照明灯具的图片，制作成PPT文件，要求图文并茂，以及从设计的角度分析照明灯具的设计思路。

第七章 居住区场所景观设计

学习目标：
(1) 了解居住区专题场所的主要内容。
(2) 熟悉居住区专题场所设计的基础知识。
(3) 了解居住区专题场所设计的注意事项。

本章要点：
(1) 休闲广场。
(2) 健身运动场所。
(3) 庇护性景观构筑物。
(4) 儿童游乐场所。

本章引言

为了满足居民休闲、娱乐、健身和交流的需要，居住区一般会修建休闲广场、健身运动场所、庇护性景观构筑物和儿童游乐场所。这些功能区主要以硬质铺装和园林建筑为主，因为空间使用性质存在差异，所以空间大小和使用的材质不同。

第一节　休闲广场

居住区的休闲广场作为居住区公共性的开放空间，是促进居民交流和维系邻里关系的重要场所。对于生活在都市的居民来说，修建具有舒适性、文化性、愉悦性、安全性和生态性的居住区休闲广场是很有必要的。大型居住区的休闲广场应大小有别，供不同年龄段的人群使用，广场的空间设计应尽可能开阔，并配置供人休息的座椅，在光照方面也需要考虑，以保证夜晚居民活动的安全性和方便性。休闲广场地面铺装应尽可能采用防滑性硬质材料，如烧面花岗岩、广场砖、仿木、透水砖、烧结砖等。休闲广场效果图如图7.1和图7.2所示。

图7.1　休闲广场效果图（1）

图7.2　休闲广场效果图（2）

第二节　健身运动场所

居住区的健身运动场所分为专用运动场和一般的健身运动场。专用运动场多指网球场、篮球场、羽毛球场和室内外游泳池，这些运动场应根据技术要求由专业人员进行设计。健身运动场一般分散在既便民又不扰民的区域。居住区一般不允许机动车和非机动车穿越健身运动场所。

【健身运动场所】

健身运动场所包括运动区和休息区。运动区应保证有良好的日照和通风，地面宜选用平整防滑且适于运动的铺装材料，同时满足易清洗、耐磨、耐腐蚀的要求。其中，室外健身器材要考虑老年人的使用要求，采取防跌倒措施。休息区应布置在运动区周围，供健身运动的居民休息和存放物品。休息区宜种植遮阳乔木，并设置适量的座椅。健身运动场所效果图如图 7.3 和图 7.4 所示。

图 7.3　健身运动场所效果图（1）

图 7.4　健身运动场所效果图（2）

第三节 庇护性景观构筑物

庇护性景观构筑物是居住区中重要的交往空间,是居民户外活动的集散点,既具有开放性,又具有遮蔽性,主要包括亭、廊、棚架、张拉膜等。庇护性景观构筑物应邻近居民主要步行活动路线进行布置,并在视觉效果上认真推敲,以确定其体量大小。

一、亭

亭是供人休息、遮阴、避雨的建筑,个别的亭属于纪念性建筑和标志性建筑。亭的形式、尺寸、色彩、题材等应与所在居住区景观相协调。亭的高度宜在2.4～3m,宽度宜在2.4～3.6m,立柱间距宜在3m左右。木制凉亭应选用经过防腐处理的耐久性强的木材。亭的形式和特点见表7-1。几种类型的亭如图7.5～图7.10所示。

表7-1　亭的形式和特点一览表

名　称	特　点
山亭	设置在山顶和人造假山石上,多属标志性建筑
靠山半亭	靠山体、假山石建造,显露半个亭身,多用于中式园林
靠墙半亭	靠墙体建造,显露半个亭身,多用于中式园林
桥亭	建在桥中部或桥头,具有遮蔽风雨和观赏功能
廊亭	与廊相连接的亭,形成连续景观的节点
群亭	由多个亭有机组成,具有一定的体量和韵律
纪念亭	具有特定意义和誉名,或代表院落名称
凉亭	以木制、竹制或其他轻质材料建造,多用于盘结悬垂类蔓生植物,也常作为外部空间通道使用

图7.5　中式亲水亭

图 7.6 中式山亭

图 7.7 廊亭

图 7.8 欧式亭

图 7.9　纪念亭

图 7.10　靠墙半亭

二、廊

廊具有引导人流、引导视线、连接景观节点和供人休息的功能，其造型和长度可形成具有韵律感的连续景观效果。廊与景墙、花墙相结合可增加观赏价值和文化内涵。廊的宽度和高度设定应按人的尺度比例关系加以控制，避免过宽或过高，一般高度宜在 2.2～2.5m，宽度宜在 1.8～2.5m。居住区内建筑与建筑之间的连廊尺度控制必须与主体建筑相适应。柱廊是以柱构成的廊式空间，是一个既具有开放性，又具有限定性的空间，能增加环境景观的层次感。柱廊一般无顶盖或在柱头上加设装饰构架，靠柱子的排列产生效果，柱间距较大，纵列间距以 4～6m 为宜，横列间距以 6～8m 为宜。柱廊多修建于广场、居住区主入口处。廊设计如图 7.11～图 7.14 所示。

图7.11 廊设计(1)

图7.12 廊设计(2)

图7.13 廊设计(3)

图7.14 廊设计(4)

三、棚架

【棚架】

棚架具有分隔空间、连接景点、引导视线的作用，顶部由植物覆盖而产生庇护作用，可减少太阳对人的热辐射，适用于覆盖棚架的植物多为藤本植物。有遮雨功能的棚架，可局部采用玻璃和透光塑料覆盖。棚架可分为门式、悬臂式和组合式几种形式。棚架的高度宜在2.2～2.5m，宽度宜在2.5～4m，长度宜在5～10m，立柱间距宜在2.4～2.7m。棚架下应设置供休息用的椅凳。棚架设计如图7.15～图7.17所示。

图7.15 棚架设计（1）

图7.16 棚架设计（2）

图7.17 棚架设计（3）

四、张拉膜

张拉膜结构由于其材料的特殊性，能塑造出轻巧多变、优雅飘逸的建筑形态。张拉膜作为标志性建筑，可修建于居住区的入口与广场上；作为遮阳庇护建筑，可修建于露天平台、水池区域；作为建筑小品，可修建于绿地中心、河湖附近及休闲场所。例如，联体膜结构可模拟风帆海浪形成起伏的建筑轮廓线。居住区内的张拉膜结构设计应适应周围环境空间的要求，不宜修得过于夸张，位置选择需要避开消防通道。张拉膜结构的悬索拉线埋点要隐蔽并远离人流活动区。同时，张拉膜结构必须重视前景和背景设计。前景要留出较开阔的场地，并设计水面，突出其倒影效果，如结合泛光照明可营造出富于想象力的夜景。张拉膜结构一般为银白反光色，醒目鲜明，因此要以蓝天、较高的绿树或颜色偏冷偏暖的建筑物为背景，以形成较强烈的对比。张拉膜设计如图 7.18～图 7.20 所示。

图 7.18　张拉膜设计（1）

图 7.19　张拉膜设计（2）

图 7.20 张拉膜设计 (3)

第四节 儿童游乐场所

【儿童游乐场所】

儿童游乐场所应该修建在景观绿地中划出的固定区域，一般均为开敞式，必须阳光充足，空气清新，能避开强风的袭扰。儿童游乐场所应与居住区的主要交通道路相隔一定距离，以减少汽车噪声的影响并保障儿童的安全。儿童游乐场所的选址还应充分考虑儿童活动产生的嘈杂声对附近居民的影响，以离开居民窗户 10m 远为宜。儿童游乐场所周围不宜种植遮挡视线的树木，要保持较好的可通视性，便于成人对儿童进行目光监护。儿童游乐场所设施的选择应能吸引和调动儿童参与游戏的热情，兼顾实用性与美观性，色彩可鲜艳但应与周围环境相协调。儿童游乐场所的游戏器械选择和设计尺度应适宜，避免儿童被器械划伤或从高处跌落，可设置保护栏、柔软地垫、警示牌等。儿童游乐设施设计要点见表 7-2。儿童游乐场所设计效果图如图 7.21～图 7.23 所示。

表 7-2　儿童游乐设施设计要点

设施名称	设 计 要 点	适用年龄
沙坑	一般居住区沙坑规模为 10～20m²，沙坑中安置游乐器具的要适当增大，以确保基本活动空间，利于儿童之间的相互接触。 沙坑深 40～50cm，沙子必须以中细沙为主，并经过冲洗。沙坑四周应竖 10～15cm 的围沿，防止沙土流失或雨水灌入。围沿一般采用混凝土、塑料和木制，上可铺橡胶软垫。 沙坑内应敷设暗沟排水，并防止动物在坑内排泄	3～6 岁
滑梯	滑梯由攀登段、平台段和下滑段组成，一般采用木材、不锈钢、人造水磨石、玻璃纤维、增强塑料制作，保证滑板表面平滑。 滑梯攀登梯架倾角为 70°左右，宽 40cm，踢板高 6cm，双侧设扶手栏杆。休息平台周围设 80cm 高防护栏杆。滑板倾角为 30°～35°，宽 40cm，两侧直缘为 18cm，便于儿童双脚制动。 成品滑板和自制滑梯都应在梯下部铺厚度不小于 3cm 的胶垫或 40cm 的沙土，防止儿童坠落受伤	3～6 岁

续表

设施名称	设 计 要 点	适用年龄
秋千	秋千分板式、座椅式、轮胎式几种，其场地尺寸根据秋千摆动幅度及与周围游乐设施间距确定。 秋千一般高2.5m，长3.5~6.7m（分单座、双座、多座），周边安全护栏高60cm，踏板距地35~45cm。幼儿用踏板距地25cm。 地面需设排水系统和铺设柔性材料	6~15岁
攀登架	攀登架标准尺寸为2.5m×2.5m（高×宽），格架宽50cm，架杆选用钢骨和木制。 多组格架可组成攀登架式迷宫。 攀登架下必须铺设柔性材料	8~12岁
跷跷板	普通双连式跷跷板宽1.8m，长3.6m，中心轴高45cm。 跷跷板端部应放置旧轮胎等设备做缓冲垫	8~12岁
游戏墙	墙体高控制在1.2m以下，供儿童跨越或骑乘，厚度为15~35cm。 墙上可适当开孔洞，供儿童穿越和窥视产生游乐兴趣。 墙体顶部边沿应做成圆角，墙下铺软垫。 墙上应绘制不易褪色的图案	6~10岁
滑板场	滑板场为专用场地，要利用绿化种植、栏杆等与其他休闲区分隔开。 场地用硬质材料铺装，表面平整，并具有较好的摩擦力。 设置固定的滑板练习器具，铁管滑架、曲面滑道和台阶总高度不宜超过60cm，并留出足够的滑跑安全距离	10~15岁
迷宫	迷宫由灌木丛墙或实墙组成，墙高一般在0.9~1.5m，以能遮挡儿童视线为准，通道宽1.2m。 灌木丛墙需定期进行修剪以免划伤儿童。 地面以碎石、卵石、水刷石等材料铺砌	6~12岁

图7.21 儿童游乐场所设计效果图（1）

图 7.22　儿童游乐场所设计效果图（2）

图 7.23　儿童游乐场所设计效果图（3）

作　业

（1）设计一款廊架，风格自定。
（2）设计一款现代风格的景观亭。

第八章 居住区水景设计

学习目标：
(1) 居住区水景设计的基本概念。
(2) 居住区水景分类及表现形式。
(3) 居住区水景类型。
(4) 水景设计在居住区中的运用。

本章要点：
(1) 居住区水景设计概述。
(2) 居住区水景分类及表现形式。
(3) 庭院水景。
(4) 泳池水景。
(5) 装饰水景。

本章引言

生命起源于水,水是人们心灵的向往,自古以来人们就喜欢依水而居。如果说山是园林的"骨骼",植物是园林的"毛发",那么水则是园林的"血脉"。在居住区景观设计中,水是不可或缺的元素,可以借助水的倒影效果拓展视觉空间,蒸发的水汽也可以改善居住区的小气候。水的表现形式多样,有动静之分,有液体、固体和雾化效果之分。

第一节 居住区水景设计概述

随着生活水平的不断提高,人们对生活品质和所居住的环境景观的追求也随之提高,水景设计成为居住区景观设计的重要组成部分。居住区水景具有观赏性、娱乐性、健身性、人文艺术性等特点,在居住区设计水景时,既需要综合考虑水给人们带来的多种体验,营造丰富的景观效果,也需要考虑水景给居住区带来的生态效应。随着商品住宅产业化的推广和房地产开发商的竞争日益激烈,为了提升企业品牌效应,提高商品房的竞争力与附加值,水景便成为新楼盘竞争的突破口,它们都希望通过特色水景来吸引业主。

居住区水景设计主要研究如何利用水体要素的特点来营造出多种多样的水景效果,包括水景形态设计、水景色彩设计、水景意境设计、水景声音设计等。

(1)水景形态设计。水没有固定的形态,可以在液态、气态和固态之间转化,固态的水是冰,气态的水是雾。水的形态与其所处的环境密切相关,水景形态设计其实就是对其依附的"介质"进行设计。

(2)水景色彩设计。水本来是没有色彩的,水的色彩由其所处的环境决定。水景色彩设计其实就是对其"容器"的材质色彩和光色进行设计。

(3)水景意境设计。水是山水画中的重要元素,也是诗歌中经常赞美的对象。景观水景使观者产生怎样的联想,蕴含着什么哲思,这都是水景设计意境美学的体现。

(4)水景声音设计。水的声音是依靠跌落和喷出形式而产生的,通过对水量、流速、容器、肌理等进行设计,可使水产生各种声音变化,如中国名园寄畅园内的"八音涧"就是一个很好的例子。

第二节 居住区水景分类及表现形式

居住区水景按水的形态可分静态水景、动态水景;按景观的艺术风格可分自然式水景、规整式水景;按历史、文化元素表现可分古典式水景、现代式水景。

一、静态水景和动态水景

静态水景(简称静水)是指成一定规模的面状水面,在居住区景观设计中最常用到的有镜面水池、生态水池、泳池等形式。静水面可以映射环境,仰视天空,达到营造空间意境和拓展空间的效果。静态水景是安详的、明亮的,蕴含着无限的景观意境和生命力。动态水景是相对静态水景而言的,主要有溪流、瀑布、涌泉、喷泉、水雾等形式。静态水景和动态水景分别如图 8.1 和图 8.2 所示。

图 8.1　静态水景

图 8.2　动态水景

二、自然式水景和规整式水景

自然式水景模仿自然中的河流、湖泊、溪流、海洋等样式，在设计上突出自然水景形态，以达到自然而成的水景效果。规整式水景早期多出现在欧洲园林中，经常使用圆形、矩形、花草图案等形态，强调几何美学和对称美学，具有很强的景观秩序感。自然式水景和规整式水景分别如图 8.3 和图 8.4 所示。

三、古典式水景和现代式水景

古典式水景和现代式水景的主要区别在传统与现代之分。古典式水景基于古典园林设计。古典园林是传统式园林，主要有三大体系，分别是东方园林、西方园林、伊斯兰园林。现代式水景趋于国际化，主要强调现代景观中点、线、面的抽象审美观，体现现代科技、材料和工艺。古典式水景如图 8.5～图 8.7 所示。现代式水景参见图 8.3。

图8.3 自然式水景

图8.4 规整式水景

图8.5 东方园林水景

图8.6 西方园林水景

图8.7 伊斯兰园林水景

第三节　居住区水景类型

一、瀑布

居住区景观瀑布是利用地形高差建造的人工瀑布，能丰富竖向景观效果，改变居住区的小气候。瀑布形式多样，分为乱落式、丝落式、布落式、多层叠落式、雾落式、滑落式、线落式、滴水落式、壁落式等形式。人工瀑布可以模仿自然景观，一般采用天然石材或仿石材作为瀑布的背景并用来引导水的流向，有时为了突出水景效果，采用平整饰面的深色肌理作为水池和落水壁。人工瀑布因其水量不同，会产生不同的视觉效果和听觉效果，因此，落水口的水流量和落水高差的控制成为设计的关键。居住区的人工瀑布落差每级应尽量控制在 1.5m 以下。几种类型的景观瀑布如图 8.8～图 8.13 所示。

图 8.8　乱落式瀑布

图 8.9　丝落式瀑布

图 8.10　布落式瀑布

图 8.11　多层叠落式瀑布

图 8.12　雾落式瀑布

图 8.13 滑落式瀑布

二、溪流

溪流是模仿自然中溪涧的景观，会使人联想到这样的诗句："人道我居城市里，我疑身在万山中。"溪流设计应该结合曲折的园路，使溪水忽隐忽明，具有余意未尽之美妙，而水流落差产生的潺潺流水声，使人身临其境。溪流驳岸宜采用散石和块石，配以水生植物和湿地植物，尽量地减少人工造景的痕迹。溪流分为可涉入式和不可涉入式两种。可涉入式溪流的水深应小于 0.3m，以防止儿童溺水，同时水底应做防滑处理。需要注意的是，可供儿童嬉水的溪流，应安装水循环和过滤装置。不可涉入式溪流宜种养适应当地气候条件的水生动植物，以增强观赏性和趣味性。溪流池的坡度应因地制宜，普通溪流的坡度宜为 0.5%，急流处为 3% 左右，缓流处不超过 1%。溪流宽度宜在 1.2～2.5m，水深一般为 0.3～1m，超过 0.4m 时，则应在溪流边采取防护措施。溪流设计如图 8.14～图 8.16 所示。

图 8.14 溪流设计稿（1）

图 8.15　溪流设计稿（2）

图 8.16　溪流设计效果图

三、生态水池

生态型水景以景观生态学理论为指导，模仿天然水景，构建稳定、协调、宜人的水生态系统。水景注重生态功能的体现，易于形成生物多样性以实现水环境的生态平衡，能充分地让居民感悟自然、融入自然。生态型水景的表现形式有生态水池、池塘、人工湖、溪流等。生态水池的深度应根据饲养鱼的种类、数量和水草在水下生存的深度来确定，一般在 0.3～1.5m，超过 0.4m 需要做防护栏。为了防止陆上动物的侵扰，池边平面与水面需保证有 0.15m 的落差。水池壁与池底需平整以免伤鱼，以深色为佳。不足 0.3m 的浅水池，池底可做艺术处理，以显示水的清澈透明。池底与池畔宜设隔水层，池底隔水层上可覆盖 0.3～0.5m 的厚土，种植水生植物。生态水池分为自然式、规整式和混合式等形式。生态水池设计如图 8.17～图 8.21 所示。

图 8.17 生态水池平面设计

图 8.18 自然式生态水池（1）

图 8.19 自然式生态水池（2）

图 8.20　规整式生态水池

图 8.21　混合式生态水池

四、泳池

由于气候原因，南方的居住区在户外建设泳池较北方居住区更为普遍。泳池不仅可以提供游泳和水上娱乐等功能，而且其造型和水面也具有很强的观赏价值。但为了安全考虑，居住区泳池建设必须符合泳池设计的相关规定。居住区中的泳池不宜做成比赛用的标准泳池，造型尽可能采用具有动感的曲线，以增强趣味性和观赏价值。泳池分为成人泳池和儿童泳池，成人泳池深度在 1.2～2m，儿童泳池深度在 0.6～0.9m 为宜，如图 8.22～图 8.24 所示。成人泳池与儿童泳池需要进行整体设计，儿童泳池放在成人泳池的上方，水经斜坡淌入或梯级层层跌入成人泳池，达到既安全又美观的效果。泳池驳岸需要倒圆角处理，防止磕碰时容易受伤，而且铺设软质渗水地面或防滑地砖，防止滑倒。泳池池底和池壁常用蓝色和白色的水晶玻璃马赛克或陶瓷马赛克（见图 8.25 和图 8.26）。水晶玻璃马赛克是用高白度的平板玻璃，经过高温再加工，熔制成色彩艳丽的各种款式和规格的马赛克，具有无毒、无放射性、耐碱、耐酸、耐高温、耐磨、防水、高硬度、不褪色等物理性能，几乎能达到泳池对装饰材料的诸多严格要求。陶瓷马赛克属瓷质砖的范畴，其抗冻性、摩擦系数、耐磨、抗冲击、破坏强度、断裂模数、耐化学腐蚀、热膨胀系数等物理性能都能达到瓷质砖的技术要求。

图 8.22　规整式成人泳池

图 8.23　曲线式成人泳池

图 8.24　曲线式儿童泳池

图 8.25　水晶玻璃马赛克

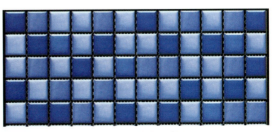

图 8.26　陶瓷马赛克

五、戏水池

戏水池可分水面下涉水和水面上涉水两种形式，如图8.27和图8.28所示。水面下涉水主要用于儿童嬉水，其深度不得超过0.3m，池底必须进行防滑处理，不能种植苔藻类植物。水面上涉水主要用于跨越水面，应设置安全可靠的踏步平台和踏步石（汀步），面积不小于0.16m² (0.4m×0.4m)，并满足连续跨越的要求。上述两种涉水方式均应设水质过滤装置，保证水的清洁，以防儿童误饮池水。

图8.27 戏水池（1）

图8.28 戏水池（2）

六、装饰水景

装饰水景不附带其他功能，主要用来观赏。装饰水景起到烘托环境的作用，容易构成环境景观的中心。装饰水景通过设备对水流的控制（如排列、疏密、粗细、高低、大小、时间差等）达到艺术效果，并借助音乐和灯光的变化产生视觉上的冲击，展示水体的活力和动态美，以满足人的亲水要求。

1. 喷泉

喷泉是西方园林中常见的景观，主要以人工形式在园林中运用，利用动力驱动水流进行展示。不同的地点、空间形态、使用人群对喷泉的速度、形态等都有不同的要求。喷泉景观的类型、主要特点和适用场所见表8-1。

表8-1 喷泉景观的类型、主要特点和适用场所

类　型	主　要　特　点	适　用　场　所
壁泉	从墙壁、石壁和玻璃板上喷出，顺流而下形成水帘和多股水流	居住区入口、景观节点、院落、景墙、挡土墙
涌泉	水由下向上涌出，呈水柱状，高度在0.6~0.8m，既可独立设置也可组成图案	居住区中心广场、院落、假山、水池
旱喷泉	将喷泉管道和喷头下沉到地面以下，喷水时水流回落到广场硬质铺装上，沿地面坡度排出，平常可作为休闲广场	中心活动广场、小区出入口
跳喷泉	射流非常光滑稳定，可以准确落在受水孔中，在计算机控制下，生成可变化长度和跳跃时间的水流	院落、景观主干道两侧、休闲场所

续表

类 型	主要特点	适用场所
雾化喷泉	由多组微孔喷泉组成,水流通过微孔喷出,看似雾状,多呈柱形和球形。由于其构造简单、用水节省,而且易于创造出迷幻的环境氛围,所以很适合在缺水地区使用	院落、休闲步道边、休闲场所
喷水盆	外观呈盆状,下有支柱,可分多级,出水系统简单,多为独立设置	景观主干道、景观节点、院落、休闲场所
小品喷泉	从雕塑的器具(如罐、盆)和动物(如鱼、鸟)口中出水,形象有趣	居住区中心广场、水景边界、景墙
组合喷泉	具有一定的规模,喷水形式多样,有层次,有气势,喷射高度大	入口景观大道、大型水景

各种类型的喷泉如图 8.29～图 8.42 所示。

图 8.29　壁泉(1)

图 8.30　壁泉(2)

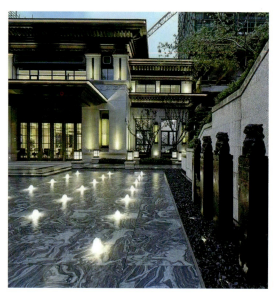
图 8.31　涌泉(1)

图 8.32　涌泉(2)

图 8.33　旱喷泉(1)

图 8.34　旱喷泉(2)

图 8.35　旱喷泉(3)

图 8.36　跳喷泉

图 8.37 雾化喷泉（1）

图 8.38 雾化喷泉（2）

图 8.39 喷水盆

图 8.40 小品喷泉（1）

图 8.41 小品喷泉（2）

图 8.42　组合喷泉

2. 镜面水景

镜面水景在光和水的互相作用下产生倒影，将周边的园林建筑、植物、人物、天空等反映出来，可以增加景观虚拟空间，通过借景手法拓展视觉空间，丰富居住区竖向空间层次，提高居住区景观的审美价值。镜面水景装饰性很强，不管是水面还是水池，施工工艺要求极高，每一个细节都不放过。设计镜面水景要保证池水一直处于相对平静状态，水循环在视觉上基本看不到，池底和池壁宜采用深色材料铺装，以增强水的镜面效果。镜面水景设计如图 8.43～图 8.45 所示。

图 8.43　镜面水景平面设计图

图 8.44　镜面水景效果图（1）

图 8.45　镜面水景效果图（2）

作　业

设计 3 种不同的水景形式，场地不限。

第九章 居住区景观设计案例欣赏

学习目标：
(1) 了解居住区景观设计扩初方案的基本工作内容。
(2) 了解居住区景观设计的版式设计。
(3) 了解居住区景观方案设计的相关表现规范和形式。

案例一　广宏一品尊居住区景观设计

项目名称：广宏一品尊居住区景观设计
项目地点：广西桂林市龙胜县城
设计面积：6180m²
设计时间：2019 年 7 月
设计单位：桂林沃尔特斯环境艺术设计有限公司
设计主创：胡华中、闫杰
参与设计人员：张佐志颖、黄涛、邱文云、甘美冬、党鸿宇

设计说明：通过各种造景手法，融入画境和曲径，营造出宜人、舒适、健康、休闲、生态、人文、情趣、人性化的现代简约中式景观空间场所。场地与绿化通过"梯田形态"衍生的折线径园路有机串联，在有限的空间中创造无限的意境。小区入口设计了主题祥云壁和跌级景观台阶，点缀雌雄两石狮，以景观亭为对景，景观竖向层次丰富，入口形象尊贵大气。进入小区，有一个过渡转换空间，转换空间有景观亭、水景（儿童泳池）、休闲平台和景墙对景，两侧以风雨廊分流，景观精致细腻，美不胜收。内部景观空间场所有健身步道、晨练广场、休闲健身、儿童乐园、亲子乐园、休闲凉亭、特色花架等活动空间，点缀主题文化小品，空间之间开合有序、曲折多变、隔而不塞，犹如一幅幅层次丰富的画卷映入眼帘，景观具有大气、亲和、生态、艺术等效果。植物组合种植、景观亭廊、主题文化小品、吉祥主题雕塑等景观构成要素，营造出多样的邻里交流、运动健身、儿童乐园、休闲互动等空间，将各个大小的空间通过自然折线进行有机连接，使人在游园之时有步移景异的感觉，在有限的空间中创造出无限的空间可能。

广宏一品尊居住区景观设计平面布局如图 9.1 所示。

图9.1　案例一图示

案例二　全州府居住区景观设计

【全州府住宅区景观设计】

项目名称：全州府居住区景观设计

项目地点：广西桂林市全州县城

设计面积：17000m²

设计时间：2018年10月

设计单位：桂林沃尔特斯环境艺术设计有限公司

设计主创：胡华中、闫杰

参与设计人员：张佐志颖、李安琪、何晓月、韦小韩、李仙

【全州府居住区景观设计】

设计说明：在景观设计空间上借鉴江南古典园林造景手法，达到步移景异、小中见大的景观效果。借用中国传统绘画意境表现手法，营造丰富多变的景观空间，满园飘香，鸟语婉转，树枝摇曳，处身于意境中，能细细品味诗情画意的精神文化。从整体到局部运用了现代景观设计语言，巧妙地融入中国传统文化和全州地域文化，为现代景观空间注入了国风雅韵的气质。通过提炼中国传统吉祥文化元素进行再设计，运用现代造景材料和现代景观设计手法，营造具有贵气、吉祥、美好的人文景观内涵。

全州府居住区小区入口如图9.2所示。

图9.2　案例二图示

案例三　童乐嘉园居住区景观设计

【童乐嘉园居住区景观设计】

项目名称：童乐嘉园居住区景观设计

项目地点：广西南宁市

设计面积：15000m²

设计时间：2012年11月

设计单位：桂林沃尔特斯环境艺术设计有限公司

设计主创：闫杰、胡华中

参与设计人员：麻俄日才旦、周云云

设计说明：依据项目建筑规划的特点，延伸建筑形态和肌理，整体环境定位为生态公园式景观，强调"生态、人文、宜居"的景观设计理念。本案例为现代设计风格，运用流线感很强的曲线并贯穿设计始终，景观空间上富有变化，移步换景，打造在有限的空间内创造无限空间的可能。

童乐嘉园居住区景观设计平面布局如图9.3所示。

图9.3 案例三图示

案例四 东方庭院别墅区景观设计

项目名称：东方庭院别墅区景观设计

项目地点：广西桂林市象山区万福路

设计面积：4000m^2

设计时间：2017年7月

设计主创：胡华中、闫杰

参与设计人员：骆炎、周达安、张佐志颖、谢宇珊、覃正东、覃彤彤、任致凤

设计说明：景观设计上体现庄重、典雅、尊贵、时尚，将东方理想人居意境融入景观设计营造中，体现现代审美与东方传统审美情趣相互交融、建筑与环境自然有机结合。减少"设计用力"，注重生活的品质和细节，在享受现代科技带来的舒适时，还能渲染生活的艺术氛围，可达到功能与美学结合的最佳化。

东方庭院东景园入口如图9.4所示。

【东方庭院别墅区景观设计】

【东方庭院第7栋AB座庭院景观设计】

图9.4 案例四图示

作　　业

设计一个完整的居住区景观设计方案，面积8000m² 左右，场地由教师拟定。

参考文献

[英] 阿伦·布兰克，2002. 园林景观构造及细部设计 [M]. 罗福午，黎钟，译. 北京：中国建筑工业出版社.

陈惠芳，关瑞明，2006. 居住区道路规划可否人车兼顾 [J]. 建筑学报（4）：22-24.

陈振华，2010. 浅析人文化的居住区入口景观设计 [J]. 安徽建筑（6）：14-15.

丁一，2010. 城市居住社区公共服务设施设置的动态思考 [J]. 河南大学学报（自然科学版）（2）：217-220.

[日] 丰田幸夫，1999. 风景建筑小品设计图集 [M]. 黎雪梅，译. 北京：中国建筑工业出版社.

高翔，徐靖舒，2009. 容器绿化的设计与应用 [J]. 园林（8）：20-21.

郝洛西，2005. 城市照明设计 [M]. 沈阳：辽宁科学技术出版社.

何青松，2010. 城市住宅区导视系统设计研究 [D]. 北京服装学院.

胡云波，2013. 浅谈居住区宅旁绿地景观规划设计 [J]. 科技信息（8）：384.

霍小平，2006. 城市照明规划浅思 [J]. 城市问题（5）：28-50.

李茂虎，刘宗明，2009. 居住区景观设计 [M]. 哈尔滨：哈尔滨工程大学出版社.

李淼，2008. 浅议居住区绿地景观设计 [J]. 吉林农业科技学院学报（4）：40-41.

李铁楠，2004. 景观照明创意和设计 [M]. 北京：机械工业出版社.

梁振学，2001. 建筑入口形态与设计 [M]. 天津：天津大学出版社.

梁卓均，李达维，2007. 挡土墙的细部设计浅析 [J]. 广东科技（1）：67-68.

刘金燕，2012. 居住区入口景观设计研究——以福州新建居住区为例 [J]. 太原师范学院学报（2）：110-114.

陆化普，2006. 交通规划理论与方法 [M]. 2版. 北京：清华大学出版社.

[英] 迈克尔·利特尔伍德，2001. 景观细部图集（1、2、3）[M]. 李世芬，杨坤，徐毓，译. 大连：大连理工大学出版社；沈阳：辽宁科学技术出版社.

[美] 尼古拉斯·T. 丹尼斯，凯尔·D. 布朗，2002. 景观设计师便携手册 [M]. 刘玉杰，吉庆萍，俞孔坚，译. 北京：中国建筑工业出版社.

[日] 日本土木学会，2002. 滨水景观设计 [M]. 孙逸增，译. 大连：大连理工大学出版社.

苏丽萍，2014. 居住区绿地景观设计浅析——银沙小区绿地景观设计为例 [J]. 中外建筑（4）：78-80.

粟建军，徐国明，2002. 栏杆设置简述 [J]. 建筑知识（2）：44-46.

孙苏娴，朱婷怡，金雨蒙，等，2013. 应对人口老龄化的城市公共服务设施建设体系研究 [J]. 中华民居（下旬刊）（12）：213-215.

王奕文，2006. 大门建筑创作研究 [D]. 郑州大学.

魏士宝，2008. 浅谈景观设计中的建筑小品 [J]. 广东园林（3）：30-32.

吴建刚，2002. 台阶建筑设计 [M]. 北京：中国建材工业出版社.

严建伟，任娟，2006. 斑块、廊道、滨水——居住区绿地景观生态规划 [J]. 天津大学学报（社会科学版）（6）：454-457.

尹建波，2005. 住宅小区入口的建筑设计 [J]. 住宅科技（1）：21-23.

应敏珠，2012. 居住区导示系统设计探议 [D]. 西安建筑科技大学.

张静，2007. 现代园林中挡土墙及护坡的设计 [J]. 园林（4）：28-29.

张丽丽，2010. 城市居住片区的路网及交通组织模式研究 [D]. 大连理工大学.

张伟玲，初晓，2013. 居住区绿地景观设计策略研究 [J]. 低温建筑技术（5）：19-20.

张文英，2000. 园路与铺地 [M]. 昆明：云南科技出版社.

赵肖丹，2010. 生态居住区绿地景观规划设计的探讨 [J]. 价值工程（11）：93-94.

郑永进，李宇雪，2008. 园林雕塑小品的特点和设计方略 [J]. 科技信息（科学教研）（11）：312-312.

朱丽芳，2002. 人车共存道路——迈向人性化的道路规划设计 [J]. 规划师（11）：20-22.